全国信息技术人才培养工程指定培训教材

信息化办公基础与应用

齐小曦　徐媛媛　张允　编著

工业和信息化部电子教育与考试中心　组编

人民邮电出版社

北　京

图书在版编目（ＣＩＰ）数据

信息化办公基础与应用 / 齐小曦，徐媛媛，张允编著.
北京：人民邮电出版社，2009.7
ISBN 978-7-115-19927-0

Ⅰ．信… Ⅱ.①齐…②徐…③张… Ⅲ.办公室－自动化－
基本知识 Ⅳ.C931.4

中国版本图书馆CIP数据核字（2009）第073740号

内 容 提 要

本书是全国信息技术人才培养工程指定培训教材。主要内容包括信息化办公基础，键盘、鼠标与文字输入，Word、Excel、PowerPoint办公基础与应用，网络办公，信息化办公辅助工具，常用办公设备的使用等。

本书的内容选择突出实用性和先进性，反映了目前信息化办公的主要应用，而且强调不同应用之间的有机结合。本书在写作时，既用尽可能简洁和通俗的语言描述了必备的理论知识，又提供了翔实的操作案例和实训内容。

本书非常适合作为文秘相关专业的培训教材，也可供其他专业学生及需要进行信息化办公的人员参考。

信息化办公基础与应用

◆ 编　　著　齐小曦　徐媛媛　张　允
　　组　　编　工业和信息化部电子教育与考试中心
　　责任编辑　李　莎

◆ 人民邮电出版社出版发行　　北京市崇文区夕照寺街 14 号
　　邮编　100061　　电子函件　315@ptpress.com.cn
　　网址　http://www.ptpress.com.cn
　　三河市潮河印业有限公司印刷

◆ 开本：787×1092　1/16
　　印张：17.75
　　字数：429 千字　　　　　　　　　　2009 年 7 月第 1 版
　　印数：1 – 4 000 册　　　　　2009 年 7 月河北第 1 次印刷

ISBN 978-7-115-19927-0/TP

定价：28.00 元

读者服务热线：**(010)67132692**　印装质量热线：**(010)67129223**
反盗版热线：**(010)67171154**

序

当今世界，随着信息技术在经济社会各领域不断地深化应用，信息技术对生产力甚至是人类文明发展的巨大作用越来越明显。党的"十七大"提出要"全面认识工业化、信息化、城镇化、市场化、国际化深入发展的新形势新任务"，"发展现代产业体系，大力推进信息化与工业化融合"，明确了信息化的发展趋势，首次鲜明地提出信息化与工业化融合发展的崭新命题，赋予我国信息化全新的历史使命。近年来，日新月异的信息技术呈现出新的发展趋势，信息技术与其他技术的结合更为紧密，信息技术应用的深度、广度和专业化程度不断提高。

我国的信息产业作为国民经济的支柱产业正面临着有利的国际、国内形势，电子信息产业的规模总量已进入世界大国行列。但是我们也清楚地认识到，与国际先进水平相比，我们在产业结构、核心技术、管理水平、综合效益、普及程度等方面，还存在较大差距，缺乏创新能力与核心竞争力，"大"而不强。国际国内形势的发展，要求信息产业不仅要做大，而且要做强，要从制造大国向制造强国转变，这是信息产业今后的重点工作。要实现这一转变，人才是基础。机遇难得，人才更难得，要抓住本世纪头二十年的重要战略机遇期，加快信息行业发展，关键在于培养和使用好人才资源。《中共中央、国务院关于进一步加强人才工作的决定》指出，人才问题是关系党和国家事业发展的关键问题，人才资源已成为最重要的战略资源，人才在综合国力竞争中越来越具有决定性意义。

为抓住机遇，迎接挑战，实施人才强业战略，原信息产业部于 2004 年启动了"全国信息技术人才培养工程"。根据工业和信息化部人才工作要点中关于"继续组织实施全国信息技术人才培养工程"的要求，工业和信息化部电子教育与考试中心将继续推进全国信息技术人才培养工程二期工作的开展。该项工程旨在通过政府政策引导，充分发挥全行业和全社会教育培训资源的作用，建立规范的信息技术教育培训体系、科学的培训课程体系、严谨的信息技术人才评测服务体系，培养大批行业急需的、结构合理的高素质信息技术应用型人才，以促进信息产业持续、快速、协调、健康的发展。

根据信息产业对技术人才素质与能力的需求，在充分吸取国内外先进信息技术培训课程优点的基础上，工业和信息化部电子教育与考试中心组织各方专家精心编写了信息技术系列培训教材。这些教材注重提升信息技术人才分析问题和解决问题的能力，对各层次信息技术人才的培养工作具有现实的指导意义。我们谨向参与本系列教材规划、组织、编写的同志致以诚挚的感谢，并希望该系列教材在全国信息技术人才培养工作中发挥有益的作用。

工业和信息化部电子教育与考试中心

前言

随着计算机网络的普及，信息化办公成为人们不可或缺的办公方式。为帮助广大读者快速掌握进行信息化办公的方法，我们特编写了本书，全面、系统地介绍了进行信息化办公的基础知识与应用技巧。

本书导读

本书既重视基础知识的讲解，也重视操作技能的培养，以使读者既能够获得扎实的基本功，又能将所学知识灵活运用于实际工作之中。

第 1 讲的主要内容是信息化办公的相关概念、办公的最佳环境、办公设备的维护、电脑的组成以及 Windows XP 操作系统的基本知识等，以帮助读者掌握信息化办公的基础知识，为进一步学习办公设备硬件和软件的使用方法打下基础。

第 2 讲的主要内容是键盘、鼠标与文字输入的基础知识与基本操作方法，以帮助读者掌握一些基本的输入法，能更好、更熟练地操作计算机。

第 3~5 讲的主要内容是 Word 2003 的基础知识、基本操作及其应用方法，以帮助读者能更好、更熟练地运用 Word 2003 处理办公文档。

第 6~8 讲的主要内容是 Excel 2003 的基础知识、基本操作及其应用方法，以帮助读者能轻松地制作出美观实用的表格，并能灵活运用于日常工作。

第 9~10 讲的主要内容是 PowerPoint 2003 的基础知识、基本操作及其应用方法，以帮助读者能快速掌握制作幻灯片的方法，有效地应用于日常办公工作。

第 11 讲的主要内容是网络办公，以帮助读者掌握如何在互联网上获取信息，如何保存和打印网页或者网页图片，以及如何对浏览器进行基本的安全设置和屏蔽不良信息等。

第 12 讲的主要内容是信息化办公辅助工具的应用方法，包括图片处理能手 ACDSee、瑞星杀毒软件、木马克星、电子邮件管家——Outlook Express、抓图大师——SnagIt 和影音播放器——Windows Media Player 等，以帮助读者在工作中灵活应用这些辅助工具提高工作效率。

第 13 讲的主要内容是打印机、复印机、扫描仪、数码相机、刻录机和移动设备的使用方法等，以帮助读者了解常用办公设备的功能及其使用方法。

本书特色

■ 量身打造，易学易用：本书立足基础，侧重应用，使读者学习更容易，上手更快捷。

■ 案例加练习，边学边练：本书以"练一练"和"案例"的方式将源于实际工作中的案例与操作技巧融入学习过程，使读者能对各知识点进行充分的练习与巩固，培养读者的实际操作能力，取得事半功倍的效果。

■ 提示技巧，贴心周到：本书对读者在学习过程中可能会遇到的疑难问题以"提示"和"技巧"的形式进行了说明，以免读者在学习的过程中走弯路。

■ 教学资源立体化，教学更轻松：提供与本书配套的立体化教学资源，包含教学大纲、教案、教学素材、演示文档等，使教师授课更加轻松。

　　本书得到了工业和信息化部电子教育与考试中心的高级工程师盛晨媛的指导，并由齐小曦、徐媛媛、张允编著，参与资料整理的人员还有李震、于继荣、胡芬、任芳、陈小杰、王果和安海涛等，在此对大家的辛勤工作一并表示衷心的感谢！

　　严谨、求实、高品质是我们追求的目标，尽管我们力求准确和完善，但由于时间紧迫，水平有限，书中难免会存在一些不足之处，衷心希望广大读者批评指正并提出宝贵的意见，我们将努力为您提供更完善的服务与支持。我们的联系邮箱为：lisha@ptpress.com.cn。

编　者

2009 年 4 月

目　录

第1讲

信息化办公基础　1

1.1　信息化办公概述　2
　　1.1.1　什么是信息化办公　2
　　1.1.2　信息化办公硬件与软件平台　2
　　1.1.3　办公环境的最佳选择　3
1.2　电脑的组成　3
　　1.2.1　硬件系统　3
　　1.2.2　软件系统　3
1.3　启动与退出 Windows XP　4
　　1.3.1　启动 Windows XP　4
　　1.3.2　退出 Windows XP　4
1.4　认识 Windows XP 桌面　5
　　1.4.1　桌面图标　5
　　1.4.2　【开始】菜单　6
　　1.4.3　任务栏　7
1.5　Windows XP 桌面操作　8
　　1.5.1　从【开始】菜单开始　8
　　1.5.2　排列桌面图标　10
1.6　Windows XP 窗口操作　10
　　1.6.1　打开窗口　11
　　1.6.2　最大化、最小化和还原窗口　11
　　1.6.3　移动窗口　12
　　1.6.4　改变窗口大小　12
　　1.6.5　排列窗口　12
　　1.6.6　切换窗口　13
　　1.6.7　关闭窗口　13
1.7　个性化 Windows XP 外观　13
　　1.7.1　设置 Windows XP 界面风格　14
　　1.7.2　设置 Windows XP 桌面背景　14
　　1.7.3　设置个性化的屏保　15
　　1.7.4　设置 Windows XP 的桌面图标　16
　　1.7.5　设置显示模式　17
1.8　设置 Windows XP 字体　17

　　1.8.1　查看电脑已有字体　18
　　1.8.2　添加新字体　18
　　1.8.3　删除无用的字体　19
1.9　电脑的日常维护　19
　　1.9.1　磁盘清理　19
　　1.9.2　磁盘碎片整理　20
　　1.9.3　数据备份　20
1.10　本讲小结　21
1.11　思考与练习　21

第2讲

键盘、鼠标与文字输入　23

2.1　键盘的使用　24
　　2.1.1　认识键盘　24
　　2.1.2　键盘键位分布　24
　　2.1.3　基本键位指法　27
2.2　鼠标的使用　27
　　2.2.1　认识鼠标　28
　　2.2.2　鼠标的使用　29
2.3　输入法的设置　30
　　2.3.1　切换输入法　30
　　2.3.2　输入法状态条　31
　　2.3.3　添加和删除输入法　32
2.4　五笔字型输入法　33
　　2.4.1　汉字的构成　33
　　2.4.2　认识五笔字根　34
　　2.4.3　汉字的拆分原则　34
　　2.4.4　汉字的输入　35
2.5　其他输入法的使用　35
　　2.5.1　智能 ABC 输入法　36
　　2.5.2　紫光拼音输入法　37
2.6　本讲小结　38
2.7　思考与练习　38

第3讲

Word 办公基础　39

3.1　使用 Word 2003　40
　3.1.1　启动与退出 Word 2003　40
　3.1.2　Word 2003 的工作界面　42
　3.1.3　Word 2003 的视图方式　45
3.2　Word 2003 文档操作　47
　3.2.1　新建文档　47
　3.2.2　输入文本　48
　3.2.3　选择文本　51
　3.2.4　移动文本　53
　3.2.5　复制文本　54
　3.2.6　查找与替换文本　55
　3.2.7　撤销与恢复文本　57
　3.2.8　保存文档　57
　3.2.9　打开文档　58
　3.2.10　关闭文档　58
3.3　本讲小结　59
3.4　思考与练习　59

第4讲

Word 办公应用　60

4.1　设置文字格式　61
　4.1.1　用【字体】对话框设置　61
　4.1.2　用【格式】工具栏设置　62
4.2　调整段落格式　62
　4.2.1　设置段落的对齐方式　63
　4.2.2　设置段落缩进　63
　4.2.3　设置行距和段间距　65
4.3　添加边框与底纹　65
　4.3.1　边框的设置　66
　4.3.2　底纹的设置　67
4.4　设置项目符号和编号　68
　4.4.1　使用对话框设置项目符号和编号　68
　4.4.2　使用工具栏设置项目符号和编号　68
4.5　应用特殊排版方式　69
　4.5.1　首字下沉　69
　4.5.2　分栏排版　70

4.6　添加图片和剪贴画　71
　4.6.1　插入剪贴画和图片　72
　4.6.2　调整图片大小　73
4.7　添加表格　74
　4.7.1　插入表格　74
　4.7.2　在表格中输入文本　76
　4.7.3　美化表格　77
4.8　添加文本框　78
　4.8.1　插入文本框　78
　4.8.2　编辑文本框　79
4.9　应用实例——制作公司宣传册　80
4.10　本讲小结　82
4.11　思考与练习　82

第5讲

Word 办公高级应用　83

5.1　创建和应用样式　84
　5.1.1　创建样式　84
　5.1.2　修改样式　85
5.2　创建并修改目录　86
5.3　创建和使用模板　88
　5.3.1　创建模板　88
　5.3.2　使用模板　89
5.4　设置页面　89
　5.4.1　设置页眉页脚　89
　5.4.2　设置页面格式　91
5.5　打印 Word 文档　92
　5.5.1　打印预览　92
　5.5.2　打印文档　93
　5.5.3　双面打印　94
　5.5.4　缩放打印　95
5.6　应用实例——制作个人简历　95
5.7　本讲小结　97
5.8　思考与练习　97

第6讲

Excel 办公基础　98

6.1　Excel 2003 工作界面简介　99
6.2　工作簿、工作表和单元格的关系　104
　6.2.1　工作簿、工作表和单元格简介　104

6.2.2 工作簿、工作表和单元格的关系　105

6.3 工作簿的基本操作　105

6.3.1 新建工作簿　105

6.3.2 保存工作簿　107

6.3.3 打开与关闭工作簿　108

6.4 工作表的基本操作　110

6.4.1 选择工作表　110

6.4.2 重命名工作表　110

6.4.3 插入工作表　111

6.4.4 删除工作表　112

6.4.5 移动或复制工作表　112

6.4.6 隐藏或显示工作表　113

6.5 输入和填充数据　114

6.5.1 输入数据　114

6.5.2 快速填充数据　115

6.6 单元格的基本操作　118

6.6.1 修改单元格数据　118

6.6.2 移动、复制数据到插入的
单元格中　118

6.6.3 合并和拆分单元格　120

6.6.4 删除单元格　122

6.7 应用实例——制作"公司日常费用开支表"　122

6.8 本讲小结　124

6.9 思考与练习　124

第7讲
Excel 办公应用　126

7.1 设置单元格格式　127

7.1.1 设置文字格式　127

7.1.2 设置数字格式　128

7.1.3 设置单元格对齐格式　130

7.1.4 设置单元格边框和底纹　131

7.2 调整单元格大小　132

7.2.1 自动调整单元格大小　132

7.2.2 手动调整单元格大小　133

7.3 设置样式　133

7.3.1 应用单元格样式　133

7.3.2 使用条件格式　134

7.3.3 应用表格样式　135

7.4 应用模板　136

7.5 应用实例——美化"公司日常费用
开支表"　137

7.6 使用 Excel 2003 制作工资表　139

7.6.1 新建 Excel 文档　139

7.6.2 输入内容　139

7.6.3 调整行高和列宽　140

7.6.4 添加表格标题　141

7.6.5 设置表格格式　141

7.6.6 重命名工作表　142

7.6.7 自动求和计算　142

7.6.8 打印工作表　143

7.7 使用 Excel 2003 制作销售调查报告表　144

7.7.1 新建文档　144

7.7.2 输入内容　144

7.7.3 设置表格格式　145

7.7.4 添加斜线表格　146

7.7.5 合并单元格　147

7.7.6 保存工作表　148

7.8 本讲小结　148

7.9 思考与练习　148

第8讲
Excel 办公高级应用　150

8.1 计算数据　151

8.1.1 用公式计算　151

8.1.2 用函数计算　152

8.2 管理数据　156

8.2.1 数据的排序　156

8.2.2 数据的筛选　159

8.2.3 数据的分类汇总　163

8.3 用图表分析数据　164

8.3.1 创建图表　164

8.3.2 修改图表　167

8.4 打印工作表　171

8.4.1 打印预览　171

8.4.2 打印设置　171

8.5 应用实例——部门开销情况统计　174

8.6 本讲小结　176

8.7 思考与练习 176

第9讲

PowerPoint 办公应用 178

9.1 使用 PowerPoint 2003 179
   9.1.1 启动 PowerPoint 2003 179
   9.1.2 退出 PowerPoint 2003 179
   9.1.3 PowerPoint 2003 的工作环境 180
9.2 PowerPoint 2003 视图方式 182
   9.2.1 普通视图 182
   9.2.2 幻灯片浏览视图 182
   9.2.3 幻灯片放映视图 183
9.3 创建和编辑演示文稿 183
   9.3.1 使用向导创建演示文稿 183
   9.3.2 使用模板创建演示文稿 185
   9.3.3 编辑演示文稿 186
   9.3.4 输入演示文稿的文本 188
   9.3.5 设置文字格式 188
9.4 在演示文稿中插入对象 189
   9.4.1 插入表格 189
   9.4.2 插入图表 190
   9.4.3 插入剪贴画 190
   9.4.4 插入媒体文件 191
   9.4.5 插入超级链接 192
9.5 幻灯片母版设计 193
9.6 设置幻灯片翻页效果 194
9.7 设置幻灯片动画效果 194
   9.7.1 设置动画方案 194
   9.7.2 自定义动画 195
9.8 打印幻灯片 196
   9.8.1 幻灯片的页面设置 196
   9.8.2 幻灯片的打印设置 196
9.9 本讲小结 197
9.10 思考与练习 197

第10讲

创建 PowerPoint 产品宣传广告 199

10.1 制作思路 200
10.2 添加各种元素 201

10.2.1 添加图片 201
10.2.2 添加艺术字 203
10.2.3 添加图形和文本框 205
10.2.4 添加表格 207
10.3 设置放映效果 209
   10.3.1 设置放映方式 209
   10.3.2 设置放映时间 210
10.4 放映演示文稿 210
   10.4.1 普通放映 211
   10.4.2 自定义放映 213
10.5 打包演示文稿 214
10.6 本讲小结 215
10.7 思考与练习 215

第11讲

网络办公 217

11.1 用 Internet Explorer 浏览网页 218
   11.1.1 进入 Internet 218
   11.1.2 浏览网上新闻 218
   11.1.3 设置 Internet Explorer 主页 220
11.2 从网上搜索信息 221
   11.2.1 使用搜索引擎查找信息 221
   11.2.2 搜索网页中的文字 222
   11.2.3 搜索网上"地图"信息 223
   11.2.4 搜索网上"火车车次"信息 224
   11.2.5 搜索网上"天气预报"信息 226
11.3 使用 Internet Explorer 的"收藏夹" 226
   11.3.1 添加收藏自己喜爱的网页 226
   11.3.2 整理"收藏夹" 227
   11.3.3 访问收藏网页 228
11.4 使用"媒体"窗格享受网上音乐 229
11.5 保存、打印网页或网页图片 230
   11.5.1 保存网页 230
   11.5.2 保存网页中的图片 230
   11.5.3 打印网页或网页图片 231
11.6 脱机浏览 232
   11.6.1 转为脱机或联机 232
   11.6.2 设置"收藏夹"中的内容为
       脱机查看 232

11.6.3　使用"历史"文件夹进行脱机
　　　　浏览　233
11.7　浏览器其他设置与应用　234
　　11.7.1　清除电脑的"记忆"　234
　　11.7.2　设置安全级别　235
　　11.7.3　下载 Flash 文件的技巧　236
11.8　网上不良信息的屏蔽　237
11.9　本讲小结　238
11.10　思考与练习　238

第12讲

信息化办公辅助工具　239

12.1　图像工具 ACDSee　240
　　12.1.1　浏览图片　240
　　12.1.2　转换图形文件的格式　242
12.2　杀毒软件瑞星 2008　242
　　12.2.1　查杀电脑病毒　243
　　12.2.2　进行杀毒设置　243
　　12.2.3　监控中心的设置　245
　　12.2.4　在线查杀病毒　246
12.3　杀毒软件木马克星　247
　　12.3.1　查杀电脑木马　247
　　12.3.2　进行杀毒设置　247
12.4　邮件工具 Outlook Express　248
　　12.4.1　设置用户帐户　248
　　12.4.2　发送邮件　250
　　12.4.3　接收和阅读邮件　250
　　12.4.4　回复和转发邮件　251
　　12.4.5　设置已读邮件　251
　　12.4.6　添加联系人　252
12.5　抓图工具 SnagIt　252
　　12.5.1　修改快捷键　253

12.5.2　抓取和保存图像　253
12.5.3　连续抓图　254
12.6　使用 Windows 媒体工具　255
　　12.6.1　录下自己的声音　255
　　12.6.2　使用媒体播放器 Windows Media
　　　　　　Player 播放影片　256
12.7　常见多媒体播放工具　256
12.8　本讲小结　257
12.9　思考与练习　257

第13讲

常用办公设备的使用　259

13.1　安装和使用打印机　260
　　13.1.1　安装打印机　260
　　13.1.2　共享打印机　262
　　13.1.3　使用打印机　263
　　13.1.4　使用打印机的注意事项　264
13.2　复印机的使用　265
　　13.2.1　复印机的正确操作　265
　　13.2.2　复印机的故障排除　266
13.3　数码相机的使用　267
　　13.3.1　数码相机的连接　267
　　13.3.2　将数码相机中的图片导入电脑　267
13.4　使用移动存储设备　268
　　13.4.1　使用 U 盘　268
　　13.4.2　使用移动硬盘　269
13.5　使用刻录机刻录光盘　270
13.6　安装和使用扫描仪　272
　　13.6.1　安装扫描仪　272
　　13.6.2　扫描图片　272
13.7　本讲小结　273
13.8　思考与练习　273

第 **1** 讲 信息化办公基础

▶ **本讲要点**

- 信息化办公的相关概念
- 电脑的硬件系统
- Windows XP 的桌面操作及窗口操作
- Windows XP 的个性外观、字体设置及电脑日常维护

▶ **快速导读**

本讲介绍了信息化办公的相关概念、办公设备的维护、电脑的组成以及 Windows XP 操作系统的基本知识：启动与退出系统、桌面介绍、桌面操作、窗口操作、个性化 Windows XP 外观设计、字体设置和电脑的日常维护等。

1.1　信息化办公概述

随着计算机、通信及网络技术的广泛深入发展，人们已步入一个以信息技术为核心的信息化社会。信息技术的发展使电脑迅速普及，而信息化办公在企业中发挥着越来越重要的作用。

1.1.1　什么是信息化办公

信息化办公（Information Office）是指在以计算机、网络及通信技术为基础的信息化环境下，将信息技术综合运用于企业日常办公中，提高企业的工作效率和经济效益。

信息化办公使企业工作日趋电子化、自动化、网络化及无纸化，极大地提高了办公速度和质量。它在企业业务、管理及决策办公等方面都有广泛应用，尤其在文字处理、日程安排、人事档案管理和网络邮件处理等方面的应用更为普遍。

1.1.2　信息化办公硬件与软件平台

良好的硬件平台是信息化办公的物质基础，也是提高办公效率的前提。信息化办公的硬件平台可以由一台配置优良的电脑及其外部设备打印机、复印机、扫描仪、数码设备、音箱、移动存储设备及光盘刻录机等组成，如图 1.1 所示。

当然，电脑要连接网络，还应该有网卡（网络适配器）、网线、宽带路由器等设备。将这些硬件设备连接组合在一起，再接入因特网（Internet），就构成了信息化办公硬件平台。

硬件设备如同我们的家用电器，在我们日常使用时需要注意这些问题：工作电压，工作环境的温度、湿度，空气灰尘，正确的开关机顺序——先外设后主机；定期对设备进行除尘清理。

图 1.1　信息化办公硬件平台

硬件平台是信息化办公的物质基础，要让办公设备发挥作用，还需要软件平台。信息化办公软件平台包括企业办公所需的办公应用软件以及为应用软件提供运行环境和管理计算机硬件、软件资源的系统软件。

常见的办公应用软件有许多，例如微软（Microsoft）公司开发的 Microsoft Office 办公系列软件：Word 文字处理、Excel 电子表格、PowerPoint 演示文稿等，还有金山公司开发的 WPS 办公系列软件。系统软件主要有操作系统和设备驱动管理程序，常见的操作系统软件有 Windows XP、Windows 2000/2003 等。

对于软件的维护主要是针对计算机主机而言，包括：磁盘清理、碎片整理、重要数据备份及病毒的防护和查杀等。对于经常使用的电脑来说，一定要安装带防火墙的正版杀毒软件，并且要时常连入网络进行更新。

1.1.3 办公环境的最佳选择

工欲善其事，必先利其器。拥有优良的办公环境可以让我们事半功倍，感受到工作的快乐和舒畅。信息化办公的最佳环境是以信息化办公硬件平台为基础，将各种先进的办公设备、计算机、多媒体设备有机地组合在一起，再配备优良的办公软件，从而形成能够发挥最佳功能效益的办公系统。

对于信息化办公环境来说，目前最流行的操作系统为 Windows XP Professional 专业版，本书就是以 Windows XP 操作系统为软件工作平台。

比较普遍使用的办公应用软件是微软公司开发的 Office 办公系列软件，本书将主要围绕 Microsoft Office 2003 办公系列软件中最常用的 Word 2003、Excel 2003 和 PowerPoint 2003 在信息化办公方面的应用展开描述。

1.2 电脑的组成

我们日常生活中所说的电脑通常指个人计算机（Personal Computer，PC）。按照计算机的规模类别来区分，个人计算机属于微型计算机。一个完整的计算机系统由硬件系统和软件系统两部分组成。

1.2.1 硬件系统

硬件系统构成了计算机系统的物质基础，是计算机的躯体。硬件系统由主机和外设组成。主机包括了计算机的主要硬件，如主板、CPU（中央处理器）、内存、显卡、声卡、网卡等。主机箱内硬件如图 1.2 所示。

外设即外部设备，是指外部存储设备和输入/输出设备。外部存储设备包括硬盘、光盘、软盘及移动存储设备，输入/输出设备包括键盘、鼠标、显示器、打印机、扫描仪、音箱等。

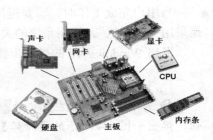

图 1.2 主机箱内硬件

1.2.2 软件系统

如果说硬件系统是计算机的躯干，那么软件系统就是计算机的血肉与灵魂。软件系统是计算机硬件系统中运行的各种软件、程序的总和。软件系统由系统软件和应用软件两部分组成。

计算机系统的组成如图 1.3 所示。

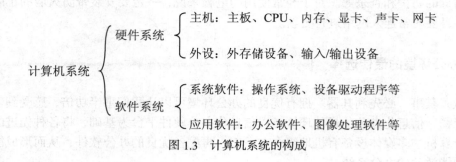

图 1.3　计算机系统的构成

1.3　启动与退出 Windows XP

学习电脑首先要学会开机和关机，即启动与退出 Windows XP 操作系统，这是使用电脑的基础。开机就是启动组成电脑的硬件，并使他们能正常工作，再通过硬件运行电脑中的操作系统。

1.3.1　启动 Windows XP

将电脑各硬件设备连接好后，接通电源，按下主机面板上的电源开关键"POWER"，电脑就开始进行系统的上电自检，启动 Windows XP 操作系统。当电脑屏幕出现欢迎画面时，表示操作系统已经启动。此时用户就可以开始使用电脑工作了。

1.3.2　退出 Windows XP

当用户完成工作时，需要退出 Windows XP 操作系统，关闭计算机。正确的操作方法是采用"软关机"，使用系统的关机程序来关闭计算机，不可以直接切断电源。

退出 Windows XP 的操作步骤如下。

❶ 单击电脑屏幕左下角的  按钮，弹出如图 1.4 所示的【开始】菜单。

图 1.4　【开始】菜单

❷ 单击【关闭计算机】命令，弹出如图 1.5 所示的【关闭计算机】对话框。

图 1.5　【关闭计算机】对话框

❸ 单击【关闭】按钮，即可退出 Windows XP 系统，关闭计算机。

1.4 认识 Windows XP 桌面

当成功启动 Windows XP 操作系统，屏幕显示欢迎画面之后，我们看到的屏幕界面就是 Windows XP 的桌面，如图 1.6 所示。

桌面图标 ⟶

⟵ 桌面背景

【开始】菜单 ⟶

⟵ 任务栏

图 1.6　Windows XP 桌面

桌面是计算机工作的主控台，所有的操作都是从这里开始的。Windows 桌面包括桌面图标、【开始】菜单、任务栏及桌面背景等。

1.4.1　桌面图标

桌面图标是形象地表示操作系统管理的各种对象的一种标识，它包含了图片和文字两部分。图标可以表示软件或程序的快捷方式，也可以表示文件或文件夹。

Windows XP 桌面包括的图标如下。

■ 图标【我的电脑】：双击该图标，弹出窗口中显示电脑里的所有文件资料，如图 1.7 所示。用户通常都是以【我的电脑】为入口，打开并查看想要的资料。它是进入操作系统后的第一扇大门。

■ 图标【我的文档】：这是 Windows XP 系统自带的供用户使用的默认文件夹，包含了【图片收藏】、【我的音乐】等文件夹。

■ 图标【网上邻居】：显示连接到网络，可以查看网络共享资源。只有当电脑连接到网络时，才能与网络上其他计算机进行资源共享。

■ 图标【回收站】：就像生活中的"垃圾桶"，用于存放用户暂时不用的、被删除的文件或文件夹。用户可以通过还原功能恢复【回收站】里的文件或文件夹，但当【清空回收站】后，文件或文件夹就被彻底删除。

图 1.7 【我的电脑】窗口

■ 　图标【Internet Explorer】：我们称之为"IE浏览器"。如果主机已接入因特网，双击该图标，就可以打开网页，浏览互联网的信息和资源。它是最常用的网络工具。

| 提 示 |

除了上面的图标外，桌面上还有一些其他图标，它们大多是某些程序的快捷方式，或者是文件、文件夹。譬如　图标是 Microsoft Word 2003 程序的快捷方式，双击该图标就可以运行此程序；　图标则是一个文件夹的标识，双击可以打开文件夹；　图标表示一个图像类型文件。

1.4.2 【开始】菜单

单击屏幕左下角的　开始　按钮，就会弹出【开始】菜单。它包含了电脑中的所有程序和一些常用图标。Windows 系统的【开始】菜单有两种，一种为 Windows XP 默认的【开始】菜单，如图 1.8 所示；另一种为 Windows 系统的经典【开始】菜单，如图 1.9 所示。

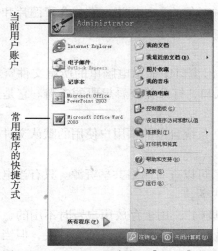

图 1.8　Windows XP 默认的【开始】菜单

图 1.9　Windows 系统的经典【开始】菜单

在此以经典【开始】菜单为例，介绍菜单的各项含义。

- 【Windows Catalog】：单击此项，连接网络，查找为 Windows 设计的专门产品。
- 【Windows Update】：单击此项时，可以连接网络，打开网页，搜寻 Windows 操作系统最近的安全更新程序、设备驱动程序以及 Windows 提供的系统最新功能等。
- 【设定程序访问和默认值】：此项可以设置某些任务默认程序的访问位置。
- 【程序】：此项包含了计算机所有的软件程序。单击此项时，可弹出下级菜单，即可看到计算机上的程序，如图 1.10 所示。
- 【文档】：单击此项时，弹出下级菜单，显示用户最近打开过的文件或程序。
- 【设置】：对控制面板、网络连接、打印机和传真以及任务栏和【开始】菜单等各项的设置。
- 【搜索】：对文件或文件夹进行搜索，也可以在 Internet 上进行搜索，甚至可以进行用户的搜索。
- 【帮助和支持】：Windows 系统自带的帮助程序，用于对用户提出的问题进行解答和指导。
- 【运行】：单击此项打开【运行】对话框，如图 1.11 所示。该对话框可以执行输入的程序指令或者打开硬盘上的某个程序。

图 1.10 【程序】菜单中的所有程序

图 1.11 【运行】对话框

- 【注销 Administrator】：单击此项，注销当前用户的账户，退出登录状态，回到最初 Windows 系统启动时用户登录的界面，以便其他用户登录系统。
- 【关闭计算机】：单击此项，弹出如图 1.12 所示的【关闭计算机】对话框。此对话框有三个选项：待机——使系统进入待机状态；关闭——关闭计算机；重新启动——重新启动计算机。单击 取消 按钮，退出该对话框。

图 1.12 【关闭计算机】对话框

| 提 示 |

在【开始】菜单的某些项后面有一个黑色三角符号"▸"，表示该项下面还有菜单，被成为"子菜单"。当鼠标移到上面时，后面就会弹出"子菜单"。

1.4.3 任务栏

【任务栏】位于屏幕的最下方，如图 1.13 所示。【任务栏】由【开始】按钮、【快速启动栏】、【任务按钮栏】、【语言栏】和 Windows 系统的【通知区域】五个部分组成。

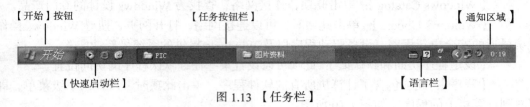

图 1.13 【任务栏】

【任务栏】各组成部分的功能如下。

- 【开始】按钮：单击此按钮，打开【开始】菜单。
- 【快速启动栏】：显示常用程序的快捷方式，例如"IE 浏览器" ，直接单击图标即可打开相应的应用程序。
- 【任务按钮栏】：显示已打开的应用程序或文件夹列表等，方便它们之间的切换操作。当窗口最小化后，【任务栏】上就会出现与该窗口对应的切换按钮。单击该按钮，就可以恢复窗口的大小和位置。
- 【语言栏】：单击此处可显示系统安装的输入法。
- 【通知区域】：显示系统时间、声音、网络连接及已打开的应用程序缩略图等。

1.5　Windows XP 桌面操作

Windows XP 桌面所包含的桌面图标、【开始】菜单、【任务栏】及桌面背景并不是固定不变的，用户可以进行一些修改来满足需要。

1.5.1　从【开始】菜单开始

【开始】菜单包含了所有程序和一些常用图标。所以几乎所有操作都是从【开始】菜单入手的。

例如，要打开记事本程序，步骤是：

选择【开始】→【程序】→【附件】→【记事本】命令，如图 1.14 所示。

图 1.14　打开记事本程序

用户对桌面背景、【任务栏】、【开始】菜单及系统日期时间进行设置，同样可以使用【开始】菜单中的【设置】选项。

例如，要设置任务栏为自动隐藏，操作步骤如下。

❶ 单击 开始 按钮，打开【开始】菜单，选择【设置】命令。在"子菜单"中选择【任务栏和[开始]菜单】命令，如图1.15 所示。打开【任务栏和[开始]菜单属性】对话框，如图 1.16 所示。

图 1.15 【设置】项的子菜单

图 1.16 【任务栏和[开始]菜单属性】对话框

❷ 在该对话框中选择【任务栏】选项卡，勾选【自动隐藏任务栏】复选框，单击 确定 按钮，关闭对话框。

此时【任务栏】就隐藏起来了。当鼠标移到【任务栏】的位置时，【任务栏】才会又显示出来。

│ 提 示 │

若选择【任务栏和[开始]菜单属性】对话框中的【[开始]菜单】选项卡，可以对【开始】菜单的类型进行设置。

如果对桌面背景和系统时间进行设置或修改，用户可以在【设置】菜单中选择【控制面板】选项，打开【控制面板】窗口，如图 1.17 所示，进而对其中的【显示】、【日期和时间】项进行设置。

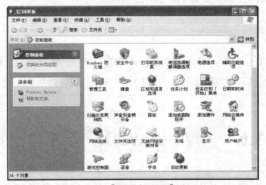

图 1.17 【控制面板】窗口

1.5.2　排列桌面图标

　　桌面上图标的位置并不是固定不变的，可以根据用户的需要重新排列。排列图标的方法有多种，可以按名称、大小、类型及修改时间来排列。

　　例如按类型来排列桌面图标，方法如下。

　　在桌面空白处单击右键，弹出如图 1.18 所示快捷菜单。选择【排列图标】选项，弹出子菜单，如图 1.19 所示，选择【类型】选项，即可实现图标按类型排列。排列前后效果如图 1.20 所示。

　　图 1.18　桌面空白处的右键快捷菜单　　　　图 1.19　【排列图标】选项的子菜单

图 1.20　排列之前与之后的桌面图标位置对比

　　可以看出类型相同的图标已经排列在一起。

　　也可以直接用鼠标拖动图标到桌面上的其他位置。

> **提　示**
>
> 　　在【排列图标】的子菜单中，不同选项前的符号也不同。在 Windows 系统中，一般用圆点"●"表示该项为单选项，用对号"✔"表示该项为复选项。

1.6　Windows XP 窗口操作

　　Windows 操作系统为视窗操作系统，它主要是通过图形进行人机对话，程序的执行以窗口化的形式展现。双击桌面上的图标或某个文件夹，打开的就是窗口。

　　Windows XP 系统中的许多窗口都很类似，一般由【标题栏】、【菜单栏】、【工具栏】、【状态栏】、【滚动条】及【工作区】组成，如图 1.21 所示。

图 1.21　【本地磁盘（C:）】窗口

1.6.1　打开窗口

　　直接双击图标按钮，即可打开窗口，如【我的电脑】窗口或某个文件夹。对于应用软件窗口来说，打开的方法有三种：

- 直接双击桌面上程序的快捷方式图标。
- 选择【开始】菜单【程序】选项下级菜单中对应程序的快捷方式。
- 双击一个与该软件对应的文件图标，也可以打开该程序窗口。例如，我们双击一个 图标，就可以打开 Microsoft Word 2003 程序窗口。

1.6.2　最大化、最小化和还原窗口

　　根据情况，用户有时需要将已打开的窗口缩小到最小，或者把窗口铺满整个屏幕，此时就要用到【最大化】、【最小化】和【还原】3 个按钮。

　　要把窗口【最大化】，方法有两种：

- 直接单击该窗口【标题栏】右侧的【最大化】 按钮，即可以使窗口最大化。
- 双击窗口【标题栏】中的空白处，同样也可以实现窗口的最大化。

　　当窗口最大化时，【最大化】 按钮就会变成 按钮，即【还原】按钮。如果想恢复窗口原来的大小与位置，只需单击【还原】 按钮即可。同样还可以双击窗口【标题栏】中的空白处来还原窗口。

　　要最小化窗口，可以单击【最小化】 按钮。此时窗口就会最小化到【任务栏】中。单击【任务栏】上对应该窗口的切换按钮即可还原窗口。

1.6.3 移动窗口

将鼠标移至该窗口的【标题栏】上，按住鼠标左键并拖动窗口至目标位置松手，即可实现窗口的移动。

1.6.4 改变窗口大小

Windows 系统中很多窗口的大小是可以改变的。操作方法如下。

❶ 将鼠标移至窗口的边框上，此时光标会变成双箭头形状，如 ↖ 形状。

❷ 此时按住鼠标左键并拖动窗口至合适位置，如图 1.22 所示，松开左键，即可看到窗口的大小被改变。

图 1.22　改变窗口大小

| 提　示 |

鼠标移至窗口的底部边框上，可以改变高度；鼠标移至窗口的两侧边框上，可以改变宽度；鼠标移至窗口的四个边角，宽和高都可以改变。

1.6.5 排列窗口

Windows XP 支持多任务操作，可以同时打开多个窗口。当打开多个窗口时，屏幕会显得比较乱，此时就需要排列窗口的位置。窗口的排列方式有三种：层叠窗口、横向平铺窗口、纵向平铺窗口。

例如当前打开了【我的电脑】窗口、【图片资料】文件夹窗口、【1-7】文件夹窗口，按层叠方式来排列它们，方法是：

将鼠标移至【任务栏】空白处，单击右键，弹出如图 1.23 所示的快捷菜单。选择【层叠窗口】选项，即可看到 3 个窗口按层叠方式排列，如图 1.24 所示。

要让 3 个窗口按横向平铺方式排列，只需在图 1.23 的快捷菜单中选择【横向平铺窗口】选项即可。

| 提　示 |

只有当窗口处于非最小化状态时，桌面上显示的窗口才会参与排列。

图 1.23　【任务栏】的快捷菜单

图 1.24　按层叠方式排列 3 个窗口

1.6.6　切换窗口

如果桌面上有多个打开窗口，只要单击某个窗口区域内的任一位置，即可将该窗口切换为当前活动窗口。

也可以单击【任务栏】上对应的程序切换按钮，即可实现窗口的切换。

还可以使用组合键切换：同时按下键盘上的 Alt + Tab 键，当前打开的程序都会以图标的形式平排出来，如图 1.25 所示。按住 Alt 键不放的同时，每按 1 次 Tab 键，程序图标就会切换 1 次，选择要打开的窗口后松开 Alt 键，该窗口即切换为当前活动窗口。

图 1.25　窗口切换栏

1.6.7　关闭窗口

当操作完成，需要退出某个窗口或程序时，用户可以通过以下几种方式关闭窗口：

- 单击该窗口【标题栏】最右侧的【关闭】⊠按钮。
- 使用 Alt + F4 组合键。
- 双击窗口左上角的【控制菜单】文件小图标，如▣或▨等。

1.7　个性化 Windows XP 外观

Windows XP 的外观风格是指 Windows XP 的桌面主题、桌面背景、屏幕保护程序、桌面外观及显示模式等，主要通过【显示 属性】对话框进行设置，如图 1.26 所示。

【显示 属性】对话框的打开方法有两种：

- 单击 开始 按钮，在弹出的【开始】菜单中使用【设置】→【控制面板】命令，打开【控制面板】窗口，如图 1.27 所示。双击其中的【显示】图标，即可打开【显示 属性】对话框。

- 在桌面空白处单击右键，在弹出的快捷菜单（如图

图 1.26　【显示 属性】对话框

1.28 所示）中选择【属性】选项，可直接打开【显示 属性】对话框。

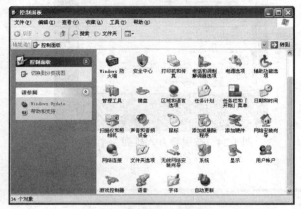

图 1.27 【控制面板】窗口

图 1.28 桌面空白处的右键快捷菜单

1.7.1 设置 Windows XP 界面风格

Windows XP 的界面风格是指设置桌面主题，包括 Windows 系统的界面显示风格和对应声音效果的。设置桌面主题的操作步骤如下。

❶ 在【显示 属性】对话框中选择【主题】选项卡。

❷ 单击【主题】文本框右侧 ∨ 图标，打开其下拉列表，如图 1.29 所示。选择其中一项，然后单击 应用(A) 按钮，即可将所选主题应用到桌面上。

图 1.29 【主题】选项卡

| 提 示 |

在上述第❷步中，单击 应用(A) 按钮后，可以看到主题效果被应用，但【显示 属性】对话框并没有关闭，这样方便设置其他选项卡。当该对话框中所有设置操作完成后，单击 确定 按钮，即可关闭对话框。若单击 取消 按钮，则取消未被应用的设置，退出对话框。

1.7.2 设置 Windows XP 桌面背景

Windows XP 的桌面背景是设置桌面背景图片及背景颜色，用户可以使用系统自带的背景图片，也可以选择其他图片。具体操作步骤如下。

❶ 在【显示　属性】对话框中选择【桌面】选项卡。

❷ 在该选项卡的【背景】列表框中选择一个背景图片，并在选项卡右侧【位置】项的下拉列表中选择【拉伸】，如图 1.30 所示。在选项卡中即可看到桌面背景的预览效果，如图 1.31 所示。

图 1.30　【位置】项的下拉列表

图 1.31　【桌面】选项卡

❸ 最后单击 应用(A) 按钮，将所选主题应用于桌面。

若想把桌面背景换成自己喜爱的图片，可以按如下步骤操作。

（1）在图 1.31 中单击 浏览(B)… 按钮，打开【浏览】对话框。

（2）找到想设为背景的图片并选择该图片，如图 1.32 所示。单击 打开(O) 按钮，回到【显示属性】对话框，最后单击 应用(A) 按钮，将所选图片应用于桌面背景。

图 1.32　【浏览】对话框

1.7.3　设置个性化的屏保

屏幕保护程序主要是为避免屏幕长时间显示固定不变的图形而损坏显示器设计的。当用户在一段时间内不操作键盘和鼠标，系统就会自动启动屏幕保护程序。如果此时动一下鼠标或按任意一个键，屏幕就会回到初始状态。

　　例如，将屏幕保护程序设定为"飞越星空"效果，操作步骤如下。

❶ 在【显示 属性】对话框中选择【屏幕保护程序】选项卡。

❷ 在该选项卡中单击【屏幕保护程序】列表框右侧 ∨ 图标，在下拉列表中选择"飞越星空"选项，如图 1.33 所示。

图 1.33 【屏幕保护程序】下拉列表

❸ 设定等待时间为 5 分钟，如图 1.34 所示。单击 应用(A) 按钮，完成屏幕保护程序的设置。

图 1.34 设定等待时间

　　此时若在 5 分钟内不操作键盘和鼠标，系统就会自动启动"飞越星空"屏幕保护程序。若觉得效果不好，可以在图 1.34 中单击 设置(T) 按钮，弹出【飞越星空设置】对话框，如图 1.35 所示。在这里对【飞行速度】和【星空密度】进行设置，直到满意为止。

图 1.35 【飞越星空设置】对话框

1.7.4　设置 Windows XP 的桌面图标

　　Windows XP 的桌面图标是通过【显示 属性】对话框中的【外观】来设置的，包含了【窗口和按钮】的样式、【色彩方案】及【字体大小】等方面的设置。

　　例如，要将【窗口和按钮】设定为"Windows XP 样式"，【色彩方案】为"橄榄绿"，【字体大小】为"大字体"，可以按下面的操作方法来设置。

❶ 在【显示 属性】对话框中选择【外观】选项卡。

❷ 在【窗口和按钮】下拉列表中选择"Windows XP 样式"选项，在【色彩方案】下拉列表中选择"橄榄绿"选项，在【字体大小】下拉列表中选择"大字体"选项，如图 1.36 所示，即可看到预览效果。

❸ 若满意，单击 应用(A) 按钮，将应用设置好的外观效果。

　　若不满意，可以单击 高级(D) 按钮，在弹出的【高级外观】对话框中进一步设置，如图 1.37 所示。

图 1.36　【外观】选项卡

图 1.37　【高级外观】对话框

1.7.5　设置显示模式

根据显示器和显卡所支持的显示模式，用户需要对系统的显示模式进行设置，以达到屏幕显示的最佳效果。显示模式的设置包含了两项：【屏幕分辨率】和【颜色质量】。

例如，要设置屏幕分辨率为 1024×768，颜色质量为 32 位，操作步骤如下。

❶ 在【显示 属性】对话框中选择【设置】选项卡。

❷ 在【屏幕分辨率】下方用鼠标拖动滑块，直到显示 "1024×768 像素" 为止，在【颜色质量】下拉列表中选择 "最高（32位）" 选项，如图 1.38 所示。

❸ 最后单击 应用(A) 按钮，应用显示模式。也可单击 确定 按钮，确认选项的设置，并关闭对话框。

图 1.38　【设置】选项卡

提　示

屏幕分辨率的多少和屏幕图像显示有关系，屏幕分辨率越低，显示的图像越大，但图像的清晰度较低。反之，屏幕分辨率越高，显示的图像越小，但图像的清晰度较高。

1.8　设置 Windows XP 字体

文字是 Windows 系统中重要的信息表示形式。在使用文字处理软件时，字体的运用对一篇好的办公文档来说具有相当重要的意义。Windows XP 系统自带的字体分为两种：中文和西文。

1.8.1 查看电脑已有字体

要查看电脑中已有的字体，即 Windows XP 系统自带的字体，可以直接双击该字体。具体步骤如下。

❶ 选择【开始】→【设置】→【控制面板】命令，打开【控制面板】窗口。

❷ 双击【字体】图标，打开【字体】窗口，如图 1.39 所示。

图 1.39 【字体】窗口

❸ 双击【字体】窗口中要查看的字体图标，例如【隶书】图标，即可打开【隶书】字体窗口，如图 1.40 所示。

图 1.40 【隶书】字体窗口

1.8.2 添加新字体

有时 Windows XP 系统自带的字体不能满足电脑办公的需要，就需要添加新的字体。操作步骤如下。

❶ 在图 1.39【字体】窗口的【菜单栏】中选择【文件】→【安装新字体】命令，如图 1.41 所示。

图 1.41 【文件】菜单

❷ 弹出【添加字体】对话框，如图 1.42

所示。在【驱动器】下拉列表中选择新字体所在的驱动器，在【文件夹】列表框中选择字体所在的文件夹。

图 1.42 【添加字体】对话框

❸ 在【字体列表】的列表框中选择要添加的新字体，单击 确定 按钮，安装

新字体。最后单击 关闭 按钮，退出【添加字体】对话框。

1.8.3 删除无用的字体

要删除无用的字体，可以按如下步骤操作。

❶ 在【字体】窗口中选择要删除的字体。

❷ 选择【文件】→【删除】命令或直接按键盘上 Delete 键，弹出【Windows 字体文件夹】窗口，如图 1.43 所示。单击 是(Y) 按钮，可删除所选择的字体。若单击 否(N) 按钮，则取消删除所选择的

字体，关闭该对话框。

图 1.43 【Windows 字体文件夹】窗口

1.9　电脑的日常维护

电脑使用一段时间后，系统运行的速度会越来越慢。这就需要进行日常的维护，清理软件程序使用过程中产生的临时文件，整理文件碎片。电脑的日常维护主要是指对磁盘进行清理、碎片整理和对重要数据进行备份。

1.9.1 磁盘清理

磁盘清理主要清除硬盘驱动器上不要的文件、Internet 临时文件等。操作方法如下。

❶ 选择【开始】→【程序】→【附件】→【系统工具】→【磁盘清理】命令，打开【选择驱动器】窗口，如图 1.44 所示。

图 1.44 【选择驱动器】窗口

❷ 在【驱动器】下拉列表中选择要清理的驱动器盘符，例如 C 盘，单击 确定 按钮，打开【（C:）的磁盘清理】窗口。如图 1.45 所示。

图 1.45 【（C:）的磁盘清理】窗口

❸ 选择要删除的文件，单击 确定 按钮，执行对 C 盘的磁盘清理，关闭对话框。

1.9.2 磁盘碎片整理

磁盘在使用中，文件会被保存在不同的磁盘空间中。长此以往，系统要花很长时间去读取文件。这样系统的运行时间就要加长，速度就会变慢，甚至导致死机。这就需要进行磁盘碎片整理。操作方法如下。

❶ 选择【开始】→【程序】→【附件】→【系统工具】→【磁盘碎片整理程序】命令，打开【磁盘碎片整理程序】窗口，如图 1.46 所示。

❷ 选择要整理的磁盘驱动器，单击 分析 按钮，分析是否需要进行磁盘碎片整理。若需整理，则单击 碎片整理 按钮，进行磁盘碎片整理。

图 1.46 【磁盘碎片整理程序】窗口

1.9.3 数据备份

数据备份主要是对重要的文件或数据进行备份，即做一个副本，在出现问题时使用副本还原丢失或损坏的文件数据。数据备份主要通过【备份或还原向导】对话框来操作。具体操作方法如下。

❶ 选择【开始】→【程序】→【附件】→【系统工具】→【备份】命令，打开【备份或还原向导】对话框，如图 1.47 所示。

❷ 单击 下一步(N) > 按钮，打开【备份或还原向导】窗口，勾选【备份文件和设置】单选框，如图 1.48 所示。

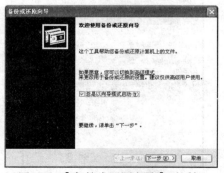

图 1.47 【备份或还原向导】对话框

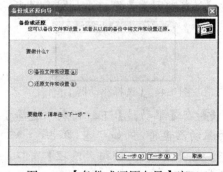

图 1.48 【备份或还原向导】窗口

❸ 单击 下一步(N) > 按钮，选择所要备份的内容。如【我的文档和设置】，如图 1.49 所示。

图 1.49　选择备份内容

❹ 单击 下一步(N) > 按钮，在【选择保存备份的位置】下拉列表中选择"F:\"，也可采用默认位置。在【键入这个备份的名称】文本框中输入"Backup"，如图 1.50 所示。

图 1.50　设定备份的名称和保存位置

❺ 单击 下一步(N) > 按钮，【备份或还原向导】对话框显示已创建的备份信息，如图 1.51 所示。单击 完成 按钮，数据备份操作全部完成。

图 1.51　完成备份设置

1.10　本 讲 小 结

通过本讲的学习，用户首先了解了电脑办公的基本内容及电脑的系统组成，然后掌握了 Windows XP 的启动与退出、桌面图标、桌面操作、窗口操作、个性化外观设置、字体设置及电脑的日常维护等方面的内容，便于今后进一步学习办公设备的硬件和软件。

1.11　思考与练习

1. 选择题

（1）信息化办公的两个平台是信息化办公硬件平台和（　　　）。

    A. 电子操作平台　　　　　　　　　　B. 软件运行平台

    C. 信息化办公软件平台　　　　　　　D. 办公设备平台

（2）计算机硬件系统包含（　　　）和外设两个部分。

    A. 显示器　　　　　B. 键盘　　　　　C. 软件　　　　　D. 主机

（3）外设是指（　　　）、输出设备和输入设备。

    A. 主机设备　　　　B. 外存储设备　　　C. 软件　　　　　D. 显示器

（4）切换窗口时，可以使用（　　　）组合键来进行切换。

　　A. Alt + F5　　　　B. Alt + F1　　　　C. Alt + F2　　　　D. Alt + Tab

2．填空题

（1）信息化办公硬件平台可以由一台配置优良的电脑、（　　　）、（　　　）、扫描仪、数码设备、音箱、（　　　）及光盘刻录机等设备组成。

（2）一个完整的计算机系统由（　　　）和（　　　）两部分组成。

（3）主机包括了计算机的主要硬件，如主板、（　　　）、（　　　）、显卡、声卡、网卡等。

（4）当操作完成需要退出某个窗口或程序时，可按（　　　）组合键退出。

3．判断题

（1）计算机的输入/输出设备是指键盘、鼠标、显示器、打印机、扫描仪、音箱等。
　　　　　　　　　　　　　　　　　　　　　　　　　　　　　　　　　（　　）

（2）正确退出 Windows XP 操作系统的方法是直接切断电源。　　　　　（　　）

（3）Windows 系统的【开始】菜单只有一种。　　　　　　　　　　　　（　　）

（4）电脑的日常维护包括了对磁盘进行清理、碎片整理和对重要数据进行备份。
　　　　　　　　　　　　　　　　　　　　　　　　　　　　　　　　　（　　）

第**2**讲 键盘、鼠标与文字输入

▶ **本讲要点**

- 键盘、鼠标与文字输入的基本功能
- 键盘、鼠标与文字输入的操作方法

▶ **快速导读**

　　本讲主要介绍了键盘、鼠标与文字输入的基础知识，并在此基础上详细讲解了键盘、鼠标与文字输入的一些基本操作方法，比如键盘键位的分布、鼠标的使用、五笔字型输入法等，这些基础知识的学习有助于用户更好、更熟练地操作计算机。

2.1 键盘的使用

下面介绍键盘、鼠标与文字输入的基本知识，这是进行计算机操作的基础。

2.1.1 认识键盘

键盘是用户与计算机交流的主要工具，是计算机重要的输入设备，像标点、符号、数字、英文字母和汉字等主要是通过键盘输入到计算机中的。

随着电脑技术的发展，键盘的按键数不断变化，曾有83键盘、84键盘、101键盘、104键盘和107键盘等，目前占据键盘市场主流的是107键盘。107键盘比104键盘多了开机（Power）、睡眠（Sleep）、唤醒（WakeUp）等电源管理按键。

要想熟练地使用键盘，就需要了解键盘的组成区域，下面以107键盘为例介绍键盘的布局。键盘一般可以分为功能键区、主键盘区、编辑键区、数字键区（也称小键盘、辅助键区）和指示灯区，如图2.1所示。

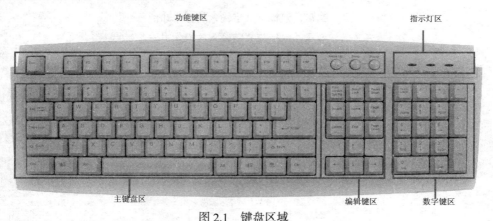

图2.1 键盘区域

2.1.2 键盘键位分布

下面就分别从键盘的功能键区、主键盘区、编辑键区、数字键区和指示灯区这5个区介绍键盘的键位。

1. 功能键区

功能键区位于键盘的最上方，它包含【Esc】键、【F1】～【F12】键以及右侧的3个电源管理按键，总计16个键位，如图2.2所示。3个电源管理按键通常分别设定为【Power】键、【Sleep】键和【Wake Up】键。其中【Power】键是关闭计算机电源键，当触动【Power】键时计算机就会自动切断电源将计算机关闭，建议不要随意触动此键位。【Sleep】键是将计算机导入待机状态（也称睡眠状态）的按键，当触动这个键位后计算机将自动关闭显示器与主板电扇，如需要激活电脑时只需随意触动电脑鼠标或键盘任意键就可以重新开启计算机的显示器与主板电扇。【Wake Up】键是用于将计算机导入工作的，当启动计算机后触动【Wake Up】键计算机就将进入工作状态。

图 2.2 功能区键位分布图

主键盘区内共有 61 个键位，并且在键盘的使用上这 61 个键位的使用率是最高的，所以主键盘区的设计和结构都相对比较集中。主键盘区内的键位设计是按照使用的密度比例和双手使用方向制作的，将打字区内需要使用的常见字符安排在打字区键盘中央的位置上。如图 2.3 所示。

2. 主键盘区

主键盘区位于键盘的左下方，是键盘中最大的区，共有 61 个键位，而这 61 个键位的使用率也是最高的。主键盘区的按键有 26 个英文字母键，10 个阿拉伯数字键，一些特殊符号的按键，以及一些功能键，如图 2.3 所示。对打字而言，最重要的是熟悉主键盘区各个键的用处。英文字母键和数字键的用处比较好理解，在此就不介绍了，这里主要介绍各个功能键的用处。功能键位于字母键的两侧，为了方便用户操作，在空格键的左右侧各有一个【Shift】键、【Alt】键、【Ctrl】键和【　】键。

图 2.3 主键盘区键位分布图

- 【Back Space】：后退键，用于删除光标前一个字符。
- 【Enter】：换行键，是键盘中使用最频繁的按键之一，又称回车键。它在文件编辑过程中起到换行的作用，在运行程序时起到确认的作用。
- 【Shift】：字母大小写临时转换键；与数字键同时按下，可输入数字键上方的符号。
- 【Ctrl】、【Alt】：控制键，必须与其他键一起使用才起作用，不能单独使用。例如【Ctrl】+【S】组合键可以用于保存当前文档，【Alt】+【F4】组合键可以用于关闭当前窗口。
- 【Caps Lock】：锁定键，将英文字母锁定为大写状态。
- 【Tab】：跳格键，将光标右移到下一个跳格位置，可以使光标向右移动一个制表位。
- 【空格键】：位于主键盘区的最下方，也是键盘中所有键中最长的键，用于输入空格。单击此键可以向右移动一个字符，出现空格符。在改写状态下则可用于删除光标后的字符。

说 明

在主键盘区中有些按键上会标有两个字符，比如数字键【1】中标有数字"1"和感叹号"！"，而感叹号位于数字"1"的上方，因而人们将感叹号"！"称为上档字符。要输入上档字符，需要配合使用【Shift】键，例如要从键盘输入感叹号"！"，应该在按住【Shift】键的同时按数字键【1】。

3. 编辑键区

编辑键区内共有 13 个键位，其中包括编辑键和光标键，光标键位于编辑键的正下方，由 4 个矩形按键成"品"字状组成，如图 2.4 所示。光标键可用于对光标进行上下左右的移动操作。在光标键的上方有 6 个编辑键位和 3 个功能键位，形成一个 3 乘 3 式的方型键盘，其排列顺序由上至下、由左至右为【Print Screen SysRq】键、【Scroll Lock】键、【Pause Break】键、【Insert】键、【Home】键、【Page Up】键、【Delete】键、【End】键、【Page Down】键。它们的作用如下：

- 【Print Screen SysRq】键是屏幕切影印屏键，一般情况下是在计算机全屏印屏时使用；
- 【Scroll Lock】键是计算机锁定键，当需要将计算机锁定时，触动该键能使计算机处于锁定状态；
- 【Pause Break】键是将计算所有的功能全部暂停时的键位；
- 【Insert】键又称插入或改写键，在文字输入时默认的是"插入"状态，这时输入的字符将直接插入到光标所在的位置，按下该键后进入"改写"状态，这时输入的字符将覆盖光标所在的原字符；
- 【Home】键能将光标键指定到屏幕的最左上角，并对要编辑内容进行行首定义；
- 【Page Up】键是对页码、图片进行向上翻页的键位，在使用 Word 时，如果需要向上翻页时只需触动【Page Up】键就可将页码向上翻阅；
- 【Delete】键是对计算机文件、图片等进行删除时的快捷键，删除内容将直接被放入计算机的回收站内；
- 【End】键能将光标键指定到屏幕的最右下角，并对要编辑内容进行行尾定义；
- 【Page Down】键是对页码、图片进行向下翻页的键位，在使用 Word 时，如果需要向下翻页时只需触动【Page Up】键就可将页码向下翻阅。

4. 数字键区

数字键盘区内共有 17 个键位，位于键盘右侧，如图 2.5 所示。最上一行是由 4 个键位组成，由左向右分为 Num Lock 键、斜线键、星号键和减号键，在减号键的下方键位上有两个比较长的键，由上到下分别是加号键和回车键。Num Lock 键位是对数字键盘进行开关的键位，当触动 Num Lock 键后数字键盘将被关闭且不能使用，再次触动后数字键盘重新打开。从 Num Lock 键、斜线键和星号键的正下方由一组 3 乘 3 式按键组成的数字键位，这组键位是由 9 个数字键（【1】~【9】键）构成，在其【1】键与【2】键的正下方有一个长型键位构成的【0】键，其向右在回车键中间有一个点号键。

图 2.4　编辑区键位分布图　　　　图 2.5　数字键区键位分布图

5. 指示灯区

指示灯区在数字键位上方和功能键右方处，如图 2.6 所示。键盘上一共有 3 盏指示灯，分别为：【Num Lock】灯、【Caps Lock】灯、【Scroll Lock】灯。其中【Num Lock】灯用于判断小键盘上的数字键是否处于启动状态、【Caps Lock】灯用于判断字母大小写的输入状态、【Scroll Lock】灯用于判断计算机是否处于锁定状态。

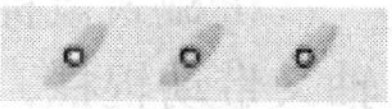

图 2.6　指示灯区

2.1.3　基本键位指法

要想熟练地打出所需要的标点、汉字或英文字母，就需要充分了解并熟悉键位。用户在使用键盘时首先要正确地坐在电脑前，手臂成"八"字状，手腕平放，将左手食指和右手食指分别放在键盘上的【F】键和【J】键上，在【F】键与【J】键上分别镶有两个凸起的圆点或小长条。按照如图 2.7 所示，将 8 个手指放在 8 个基准键上。

左右手的拇指应该放到空格键上，如图 2.8 所示。

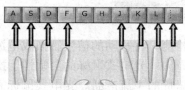

图 2.7　手指基准键位

图 2.8　十指在键盘中的初始位置

现在介绍各个手指在打字时的操作分工情况。在打字时键盘可分为左右两大部分。键盘中粗线划分每个手指控制的区域。如图 2.9 所示。

击键时，手指均从基准键上伸出，击键后手指必须回到相应的基准键上（若按下的是基准键，按下后手指仍应停放在基准键上）。形成规律后，就会熟悉基准键与其他按键的距离，从而能以基准键为基点，快速找到其他按键，降低输入错误并提高输入速度。

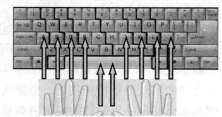

图 2.9　手指键位区域

下面强调一下上档字符的输入方法。若输入的是左手管辖的上档字符，则用右手小指按住【Shift】键，用左手规定的手指敲击相应的上档字符；若输入的是右手管辖的上档字符，则由左手小指按住【Shift】键，用右手手指敲击相应的上档字符。

2.2　鼠标的使用

鼠标的正确称呼应当为"鼠标器"，英文名"Mouse"，通过鼠标可减少大量的由键盘发出的繁琐指令。鼠标垫外形如图 2.10 所示。

图 2.10　鼠标

2.2.1　认识鼠标

　　鼠标按照定位原理的不同大致可分为机械式鼠标、光电式鼠标和激光式鼠标。

　　机械式鼠标主要由光纤传感器、辊柱和滚轴组成。当移动鼠标时滚轴被带动旋转，滚轴又带动辊柱，在辊柱末端的光纤传感器就将滚轴所产生的电泳脉冲信号传给计算机，产生垂直或水平方向的位移再通过电脑程序的转换，从而控制屏幕上的光标的移动方向。如图2.11所示。

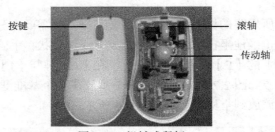

按键　　　　　　　　　　　　　　　　　　　　滚轴
　　　　　　　　　　　　　　　　　　　　　　传动轴

图 2.11　机械式鼠标

　　光电式鼠标主要是通过对鼠标位置移动的检测，将移动的信号转换成电泳脉冲，再由程序处理器和转换器控制屏幕上的光标的移动方向。光电式鼠标的灵敏性、操作性等性能均比机械式鼠标要强，因而光电式鼠标是目前鼠标的主流产品。光电式鼠标需要在特制的鼠标垫板上使用才可达到最好的移动效果。

　　激光式鼠标和光电式鼠标的定位原理相同，只是将光电式鼠标定位用的发光二极管，改为激光二极管。激光二极管定位灵敏性更高，其定位精度一般是光电鼠标的20倍。

　　鼠标还可以从功能按键的角度分为两键鼠标、三键鼠标和智能多键鼠标。

　　两键鼠标与三键鼠标的外形如图2.12所示。三键鼠标基本上只使用左右两边的按键，一般情况下不易使用到第三键，但某些软件（如AutoCAD或CorelDRAW等）功能过多，要方便的实现某些特殊功能，会默认定义使用鼠标的第三键。有些种类的鼠标，看似只有两键的鼠标，但如果两键中间带有翻页滚轮，这个滚轮有的也能够按下，起到第三键的作用。

　　智能多键鼠标则是除了三键以外，还有其他按键，这些按键往往需要配合厂家提供的特殊驱动软件使用才能实现更为强大的功能。

　　按照鼠标与计算机连接方式，可以分为串行接口鼠标、PS/2接口鼠标、总线接口鼠标和USB接口鼠标（多为光电鼠标）4种。串行鼠标是通过串行口与计算机相连，有9针接口和25针接口两种；PS/2鼠标通过一个六针微型DIN接口与计算机相连，它与常用的键盘接口非常相似，使用时注意区分；总线鼠标的接口在总线接口卡上；USB鼠标则通过计算机面板上的USB接口与计算机相连，能够即插即用，十分方便。如图2.13所示。

图 2.12　两键、三键感应式鼠标　　　　　　　图 2.13　USB 鼠标

2.2.2　鼠标的使用

对鼠标有了比较详细的认识后，我们就需要知道怎样使用鼠标。鼠标按键一般会有两到三个，其中左键是选中所需文件或程序，右键是打开附近快捷键与打开命令。

鼠标的基本操作可分成指向操作、单击操作、双击操作和拖动操作。

指向操作即在平面上移动鼠标，双手不按鼠标任何按键，只在屏幕上移动光标，主要用于光标定位。如图 2.14 所示。

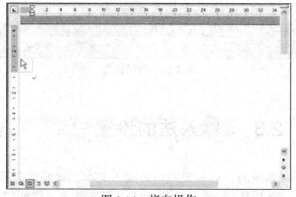

图 2.14　指向操作

单击操作就是用手按一下鼠标按键，一般是指左边按键，使被光标选中文件被指出。

双击操作就是连续两次快速地操作鼠标按键，一般指左边按键，先按一下按键松开，再迅速按下第二下。双击鼠标是为了打开文件、程序或某个窗口的应用程序。双击操作需要一个熟练过程，用户可以打开电脑的 开始 按钮，选择【设置】→【控制面版】→【鼠标】，进行鼠标双击的练习，如图 2.15 所示。

图 2.15　双击操作练习

拖动操作就是用手指将鼠标按键按住的同时，拖动鼠标至需要的位置后松开按键，将选中的内容、菜单或文件移动到理想的位置上。如图 2.16 所示，在拖动鼠标的过程中会出现 图标。

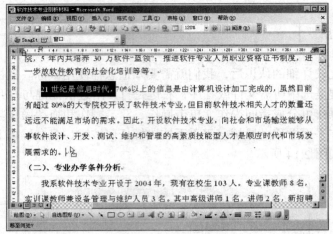

图 2.16　拖动操作

2.3　输入法的设置

用户使用 Windows 系统时，如果要熟练地输入文本，就要学会某种输入法。Windows 中默认的语言是英语，输入中文时要设置输入法，下面就来了解如何设置输入法。

2.3.1　切换输入法

文本输入时的输入法有很多种，如何在输入法中自由地切换呢？

首先我们观察系统菜单栏上是否有输入法图标 显示，如果没有，将鼠标移至系统菜单条上，单击鼠标右键后选择工具栏内的语言栏，如图 2.17 所示。

在 Windows 中的默认语言为英语，所以文字输入时应当首先注意中/英文输入状态切换，如果没有切换，那么输入内容都是用汉语拼音表现的，如图 2.18 所示。

图 2.17　语言栏

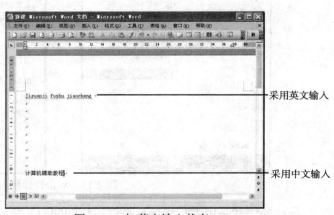

图 2.18　中/英文输入状态

中/英文输入状态的切换方法如下。

❶ 在 Windows 系统菜单栏中的任务栏上有"输入法指示器"图标 **EN**。

❷ 单击"输入法指示器"图标 **EN**，会出现一个快捷菜单栏，在这个快捷菜单栏中选中所需的输入状态即可。如图 2.19 所示。

图 2.19 输入语言的转换

❸ 此时桌面右下角会出现图标 ▦，单击图标 ▦ 将显示一个供选择输入法的快捷菜单，此时就可以进行输入法的切换。如图 2.20 所示。

图 2.20 切换输入法

2.3.2 输入法状态条

切换完输入法后，用户可以进行汉字输入。屏幕上显示当前使用输入法的状态条，不同类型的输入法具有不同的状态条。我们以智能 ABC 输入法为例，如图 2.21 所示。

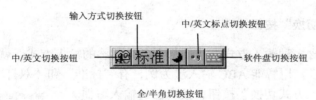

图 2.21 智能 ABC 输入法状态条

我们对这个输入法状态条的各个功能进行简单的介绍。

1."软键盘切换"按钮

软键盘是在用户没有键盘时仍然可以进行输入工作的方法之一，软键盘包含了大量特殊字符，所以通常用户也用软键盘输入一些特殊符号。以智能 ABC 为例，当单击"软键盘切换"按钮 ▦ 时，屏幕就会出现软键盘菜单，如图 2.22 所示。

我们看到软键盘菜单与键盘打字区基本相同，这主要是考虑到编辑区、数字区、功能区在简单输入时的运用频率不大而设计出的软键盘菜单。我们还可以右键单击菜单"软键盘切换"按钮，对不同种类的字符或字型进行更改，如图 2.23 所示。

图 2.22 软键盘

图 2.23 软键盘菜单

2.　"中/英文切换"按钮

在输入法状态条上，可以简单方便地切换中/英文。切换后，输入内容将由原本输入的中/英文改变为相反的输入方式，标点也同时改变，如图 2.24 所示。

3.　"半/全角切换"按钮

和"中/英文切换"按钮一样，"半/全角切换"按钮更改标点状态。在计算机中，英文字母、数字和英文标点符号在半角状态下只占半个汉字的位置，而全角状态中占用一个汉字的位置。如图 2.25 所示。

图 2.24　中/英文切换　　　　　　　　图 2.25　输入方式切换

| 提 示 |

Windows 中默认快捷转换"半/全角切换"的组合键为："Shift + 空格键"。

4.　"输入方式切换"按钮

汉字输入法包含多种输入方式，我们都有各自熟悉的输入方式，就需要有不同的输入方式来满足用户需求。以智能 ABC 输入法为例，有"标准"和"双打"的两种输入方式，用户只要单击"输入方式切换"按钮，按自己的输入习惯进行更改就可以了。如图 2.26 所示。

图 2.26　输入方式切换

2.3.3　添加和删除输入法

如果计算机并没有用户习惯的输入法，就要添加或删除需要的输入法。

添加输入法时最好添加常用的输入法，提高工作效率。下面我们将逐步展示添加和删除输入法的过程。

1.　添加输入法

输入法是我们输入文字或字母的途径之一，操作之前应先选择屏幕中的的语言栏，单击查看输入法内容。如图 2.27 所示。

如果计算机没有安装用户需要的输入法时，我们就需要在语言栏上单击鼠标右键，单击"语言栏设置"，如图 2.28 所示。在出现的【文字服务和输入语言】窗口中观察系统设置了哪些输入法。如图 2.29 所示。

如果列表中没有用户所需的输入法，我们就单击窗口内的 添加(D)... 按钮，弹出"添加输入语言"窗口，如图 2.30 所示。先将这个窗口内的输入语言选择为"中文（中国）"，再单击"键盘布局/输入法"，选择所需输入法，处理后选择 应用(A) 按钮，即可对计算机添加输入法设置。

图 2.27　查看输入法内容　　　　　　　图 2.28　语言栏设置

2．删除输入法

如果用户不想再使用某个输入法，可先用鼠标右键选中语言栏，单击设置，在弹出窗口中选择要删除的输入法，单击 删除(R) 按钮，再按 应用(A) 按钮即可。如图 2.31 所示。

图 2.29　文字服务和输入语言窗口　　　图 2.30　添加输入法　　　图 2.31　删除输入法

2.4　五笔字型输入法

五笔字型输入法是一种根据汉字字型进行编码的输入方法。它采用汉字的字型信息编码，比较直观，与智能 ABC 输入法相比，击键次数少，重码率低。因此五笔字型输入法是专业录入人员普遍使用的一种输入法。

2.4.1　汉字的构成

我们从汉字的构造单位和方式两部分来讲解什么是汉字的构成。

汉字的构造单位包括笔画、偏旁两部分。笔画是构成汉字的点与线，同时又是汉字的最小构成单位。偏旁按照是否可再切分偏旁，分为单一偏旁和复合偏旁。

除了很少一部分汉字外（如一、乙等），大部分汉字都是由多笔画构成的。而我们又对笔画进行比较详细的分类，有单一笔画、复合笔画。单一笔画由点、横、竖、撇、捺、提组成，复合笔画主要是由两种或两种以上的单一笔画连接组成的，如丑、丹、女、凹、西等。

五笔字型把汉字的结构划分为笔画、字根、单字三个层次。其中"笔画"是指连续书写时不间断的线条，五笔字型一共归纳出了5种笔画，如表2.1所示。

表2.1　　　　　　　　　　　　五笔字型的五种笔画

笔 画 名 称	笔 画 走 向	笔画及其变形
横	左→右	一
竖	上→下	丨
撇	右上→左下	丿
捺	左上→右下	丶
折	带转折	乙

2.4.2　认识五笔字根

由笔画或笔画复合连线交叉而形成的一些相对不变的结构称为"字根"。五笔字型一共归纳出了130个字根，并把它们分布在25个英文字母键位上（不包含Z键）。五笔字型规定所有的汉字都是由这130个字根组合而成的，字根是组字和拆字的依据，是汉字的基本要素，我们刚刚讲到的五种笔画就是这130个字根中最简单的字根。字根与键位的排列位置如图2.32所示。

图2.32　字根分布图

"单字"是由笔画和字根组合而成的汉字。有些字根本身就是单个的汉字，在录入时可以直接使用。

2.4.3　汉字的拆分原则

汉字拆分，就是将汉字拆分成若干个字根。五笔字型中规定，对汉字的拆分要以字根在键盘上的基本单位，按照汉字的书写习惯顺序，从上到下，从左到右，从外到里进行。拆分汉字的方法是按照汉字基本字根间相互关系（单、散、连、交）的不同规定进行的。在具体拆分时，应当注意以下几个要点。

　　■　能散不连。当一个汉字结构是由几个基本字根以散的关系而组成时，就不需要按照连的关系来拆分。例如："百"应拆分成"厂"、"日"，而不需拆分成"一"、"白"。

　　■　兼顾直观。拆分汉字是为了给汉字的字根编码，字根具有较好的直观性，可以帮助联想记忆，同时方便输入。

　　■　能连不交。一个汉字结构能按连的关系进行拆分，就不按交的拆分关系进行拆分。

例如："于"应拆为"一"、"十"，而不应拆分成"二"、"丨"。

　　■　取大优先。在拆分中，为了保证按照书写顺序，在输入时尽可能输入大的字根，也就是说再加一笔就不能构成汉字的基本字根。

　　拆分汉字应当考虑上面的几个拆分要求。一般来说，每次应拆分出最大的基本字根，在拆分汉字字根数目相同时，"散"比"连"优先，"连"比"交"优先。再者，一个笔画不能分割出现在两个基本字根中。

　　例如："里"不能拆分成"田，土"，而需拆分成"曰，土"。

2.4.4　汉字的输入

　　为了提高汉字输入速度，五笔字型对比较常用的汉字（特别是使用频率较高的汉字）设置了简码输入法。下面主要讲解五笔字型中汉字简码的输入。

　　简码共分为三级，分别介绍如下。

　　■　一级简码，是为特定高频率出现汉字设计的。25 个键位都各自安排了一个常用的汉字，只需按一次对应的字母键，再按一次空格键便可正确输入这些内容。

　　一级简码的键位分布如下：

1 区　一 G（11）　地 F（12）　在 D（13）　要 S（14）　工 A（15）
2 区　上 H（21）　是 J（22）　中 K（23）　国 L（24）　同 M（25）
3 区　和 T（31）　的 R（32）　有 E（33）　人 W（34）　我 Q（35）
4 区　主 Y（41）　产 U（42）　不 I（43）　为 O（44）　这 P（45）
5 区　民 N（51）　了 B（52）　发 V（53）　以 C（54）　经 X（55）

　　例如：当输入"上"字时，只需按字母 H 后按下空格键即可。

　　■　二级简码，是由单字全码的前两个字根所组成的。二级简码共可以编码 25×25 个常用汉字，但为了避免重码，实际用到的二级简码通常只有 600 多个汉字。拥有二级简码特征的汉字，只需将两个字根的字母加上空格键就可以正确输入。

　　例如：化（WX）、信（WY）、李（SB）、张（XT）等。

　　■　三级简码，是由汉字全码前的三个代码所组成的。三级简码共可以编码 25×25×25 个常用汉字，但通常操作使用到的只有 4400 多个汉字。输入这种汉字时，只需输入汉字前 3 个字根的代码再加上空格键即可。

　　由于使用简码编码的汉字已有 5000 多个，占据绝大部分常用汉字，所以掌握简码输入可以有效地提高汉字的输入速度。

　　有时同一个汉字具有多种简码，例如：

经：一级简码（X）　　二级简码（XC）　　三级简码（XCA）　　全码（XCAG）

　　使用简码输入的过程中，用户一定要养成正确的输入方法，牢记简码输入表，进行输入操作。

2.5　其他输入法的使用

　　用户录入文字时，往往会遇到对计算机原有输入法不熟悉的情况。所以在这一部分中，我们举出两个拼音输入法的例子，使用户能够尽快地进行文字输入。

2.5.1 智能 ABC 输入法

　　智能 ABC 输入法输入方式多样，操作简便灵活，因此深受广大用户的喜爱。智能 ABC 输入法既有全拼方式，也有简拼、混拼或双打方式，其中比较常用的是全拼和简拼这两种输入方式。下面举例介绍全拼方式。

　　全拼输入法按照规范的汉语拼音输入，输入过程与书写汉语拼音的过程基本一致。具体的操作步骤如下。

❶ 打开一个空白文档，同时切换输入法为智能 ABC 输入法，如图 2.33 所示。

图 2.33　切换智能 ABC 输入法

❷ 输入中文词语的全拼，例如输入"计算机"的全拼"jisuanji"，如图 2.34 所示。

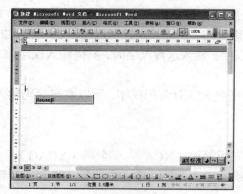

图 2.34　输入文字的全拼

❸ 单击空格键，屏幕上就会显示要输入的文字，如图 2.35 所示。

图 2.35　显示输入的文字

❹ 再次单击空格键，文档中就会输入"计算机"，如图 2.36 所示。

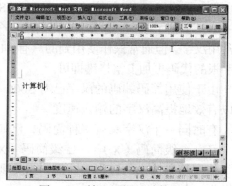

图 2.36　输入词语"计算机"

　　除了全拼输入的方式外，智能 ABC 还有一种简拼的输入方式。简拼输入法对汉语拼音的输入进行了简化，规则如下：取每个字音节的第一个字母，包含 zh、ch、sh 的音节也可以取前两个字母。例如在文档中输入词语"计算机"时，只需输入"jsj"即可。

2.5.2　紫光拼音输入法

紫光拼音输入法是一个面向广大用户的基础输入法程序，它基于汉语拼音的中文字、词以及短句，为广大用户提供了更加快捷的汉字输入方式，并且错误率大大降低。

具体的操作步骤如下。

（1）调整输入法外观。单击输入法"设置"，从中选择自己喜欢的主题页面。在设置栏中单击"浏览"可以增加个性化的主题，如图 2.37 所示。

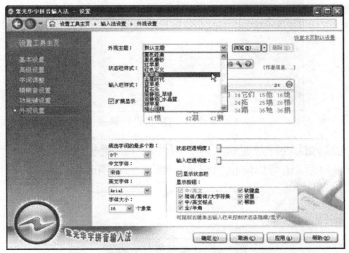

图 2.37　设置输入法外观

（2）遇到不认识的字，用户可以选择"偏旁部首检字"功能来寻找汉字。如图 2.38 所示。

（3）单击"偏旁部首检字"后，根据知道的汉字字型，在"偏旁部首检字"中按照偏旁或部首查找想找的字。如图 2.39 所示。

（4）遇到不知道读音的汉字时，用户可以通过笔画来寻找输入大写字母 B，进入紫光输入法的笔划输入模式，这时只需按照汉字的笔画顺序输入，就可以得到相应的汉字了。如图 2.40 所示。

图 2.38　偏旁部首检字

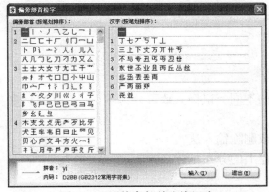

图 2.39　用偏旁部首查询汉字

（5）进行中/英文切换。如果想在数字后面输入中文标点，用户可单击【设置】→【高级设置】，选择【数字后面跟随英文符号】选项。如果想在数字后面输入"."，用户只需选择【设置】→【高级设置】，选择【数字后面的"。"输出为"."】选项即可。如图2.41所示。

图2.40　笔画输入模式
输入汉字

图2.41　中/英文默认设置修改

（6）使用紫光输入法进行普通输入时，可使用 Tab 键提供的扩展显示功能。这样不仅可以大大提高输入速度，还可以降低错误率。如图2.42所示。

图2.42　Tab 扩展显示功能

紫光输入法为广大用户提供了便捷的使用界面，用户可以自定义设置修改。

2.6　本讲小结

通过本讲的学习，用户学习了鼠标、键盘等硬件设施，输入法的设置，进一步了解了五笔输入法的详细内容及其他两种输入法的基本操作。

2.7　思考与练习

1．填空题

（1）键盘主要分为（　　　）、（　　　）、（　　　）、（　　　）、（　　　）5个区域。

（2）按照使用原理的不同，鼠标大致可分为（　　　）鼠标和（　　　）鼠标。

2．问答题

（1）如何正确添加或删除输入法？

（2）五笔字根在键盘上的分布是什么？

3．上机实践题

正确使用五笔字型，在文档中输入一段文字。

第**3**讲　Word 办公基础

▶ **本讲要点**

- Word 2003 的工作界面及视图方式
- Word 2003 的启动与退出操作
- Word 2003 的基本文档操作

▶ **快速导读**

　　本讲系统介绍了 Word 2003 的基础知识，并详细讲解了 Word 2003 的基本文档操作，如新建文档、复制文本、查找替换文本等，这些基础知识的学习将有助于广大用户更好、更熟练地运用 Word 2003。

3.1 使用 Word 2003

在具体操作之前，我们先来介绍 Word 2003 的启动与退出操作，它是我们熟练运用 Word 2003 的第一步。

3.1.1 启动与退出 Word 2003

1. Word 2003 的启动

Word 2003 的启动方式有正常启动和快捷启动两种，我们先介绍正常启动方式，操作步骤如下。

❶ 单击 **开始** 按钮，选择【程序】→【Microsoft Office】→【Microsoft Office Word 2003】，如图 3.1 所示。

❷ 单击【Microsoft Office Word 2003】命令，在桌面上打开并创建一个新的空白文档，如图 3.2 所示。

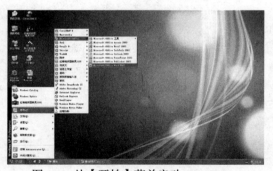

图 3.1 从【开始】菜单启动 Word 2003

图 3.2 创建新的文档

除了以上的正常启动方法外，还有一些更为方便快捷的启动方式，这里介绍一种双击图标启动 Word 2003 的方法。

❶ 在桌面或文件夹的空白处右键单击鼠标，在弹出的快捷菜单中选择【新建】→【Microsoft Word 文档】命令，如图 3.3 所示。

❷ 执行该命令后，桌面上就会出现一个 Word 文档图标，如图 3.4 所示。

❸ 双击该图标，就会打开一个新创建的 Word 文档。

图 3.3　快捷方式启动

图 3.4　新建 Word 文档图标

2. Word 2003 的退出

处理完文档后，就可以退出 Word 2003 了。退出 Word 2003 的方法有很多种，最常用的有：

- 单击文档标题栏最右边的 ⊠ 按钮。
- 选择文档菜单栏上的【文件】→【关闭】命令，如图 3.5 所示。
- 右键单击文档标题栏，在出现的下拉列表里选择【关闭】命令，如图 3.6 所示。

图 3.5　【文件】菜单

图 3.6　控制菜单

- 使用快捷键 Alt + F4 关闭文档。

提　示

如果在退出之前没有保存修改过的文档，退出时系统就会弹出一个保存文档的信息提示对话框，如图 3.7 所示。

图 3.7　保存文档的信息提示对话框

单击 是(Y) 按钮，Word 2003 保存该文档；单击 否(N) 按钮，Word 2003 不保存文档直接退出；单击 取消 按钮，Word 2003 取消这次操作，返回之前的编辑窗口。

3.1.2　Word 2003 的工作界面

Word 2003 的工作界面由许多窗口组成，这些窗口各司其职，实现各种各样的功能。现在就参照图 3.8 做一个详细的介绍。

图 3.8　Word 2003 窗口的组成

■　标题栏：标题栏的主要作用有显示文档的标题、指明当前的工作状态是 Microsoft Word 以及控制 Word 2003 窗口的变化等，如图 3.9 所示。

图 3.9　标题栏

> **提 示**
>
> 　标题栏最右边三个按钮 ▁□✕ 的含义依次是最小化、最大化（还原）和关闭 Word 窗口。

■　菜单栏：菜单栏位于标题栏之下，主要作用是以菜单的样式显示 Word 2003 的所有操作命令，包括【文件】、【编辑】、【视图】、【插入】、【格式】、【工具】、【表格】、【窗口】和【帮助】9 种菜单，如图 3.10 所示。每一种菜单的下拉菜单都有自己的一组命令，实现不同的功能。图 3.11 所示的是【文件】菜单的下拉菜单。

文件(F)	编辑(E)	视图(V)	插入(I)	格式(O)	工具(T)	表格(A)	窗口(W)	帮助(H)

图 3.10　菜单栏

> **提 示**
>
> 　使用键盘也可以激活下拉菜单，方法是按住 Alt 键+菜单名右侧带下划线的大写字母。例如，按住 Alt+I 就可以激活【插入】菜单的下拉菜单。

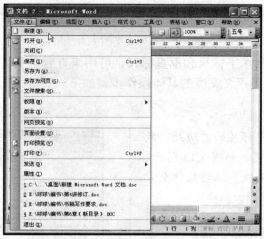

图 3.11　【文件】菜单的下拉菜单

练一练

请用键盘激活【格式】菜单的下拉菜单。

- 工具栏：Word 2003 提供了很多工具栏，而系统在工作界面默认显示的是常用工具栏和格式工具栏，如图 3.12 所示。

图 3.12　工具栏

当用户要显示想要使用的工具栏时，可以这样操作。例如显示【审阅】工具栏，单击菜单栏中的【视图】项，在弹出的下拉菜单中选择【工具栏】→【审阅】命令，如图 3.13 所示。【审阅】工具栏显示在窗口中，如图 3.14 所示。

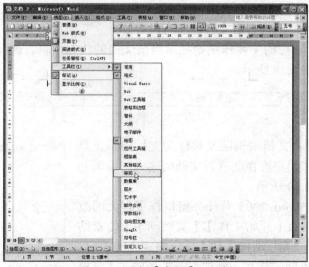

图 3.13　选择【审阅】工具栏

图 3.14　显示【审阅】工具栏

■　标尺：标尺分为水平标尺和垂直标尺，可用来查看正文、图文、图文框和表格等的高度与宽度。例如调整正文宽度的具体操作步骤如下。

❶ 移动鼠标到水平标尺的右边距，鼠标指针变成"↔"的标记，如图 3.15 所示。

❷ 按住鼠标左键不放，拖动鼠标至需要的宽度，如图 3.16 所示。

❸ 放开左键，鼠标就会移动到用户指定的位置，这样就调整了正文的宽度，如图 3.17 所示。

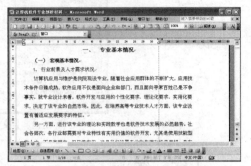

图 3.16　拖动鼠标

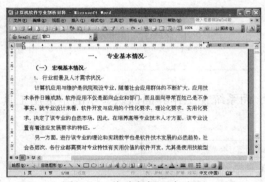

图 3.15　移动鼠标至右边距

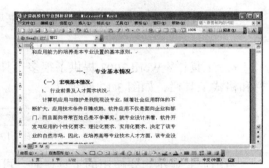

图 3.17　调整正文宽度

■　滚动条：Word 2003 的滚动条有垂直滚动条和水平滚动条两种，滚动条可以使文档上下或左右滚动，方便用户查看文档的所有内容。

■　状态栏：状态栏的主要作用是显示当前文档的状态信息，例如文档的总页数、插入点的位置等，如图 3.18 所示。

图 3.18　状态栏

■　文档编辑区：文档编辑区又被称为文档窗口，是窗口内的空白区域，用户可在此进行文档的输入、编辑和排版等工作，如图 3.19 所示。

■　任务窗口：Word 2003 对任务窗口作了很大的改进和完善。任务窗口有【开始工作】、【剪贴画】、【搜索结果】、【信息检索】、【XML 结构】和【显示格式】等内容。不同的任务窗口有不同的作用，例如【样式和格式】窗口

图 3.19　文档编辑区

实现对文本格式的设置和修改，如图 3.20 所示。

> **提 示**
>
> 如果用户要在不同的任务窗口间转换，用鼠标单击任务窗口标题栏右端的下三角按钮，然后在弹出的下拉菜单中选择一个任务窗口即可，如图 3.21 所示。

图 3.20 【样式和格式】窗口　　　　图 3.21 任务窗口的转换

3.1.3 Word 2003 的视图方式

Word 2003 提供了普通视图、页面视图、大纲视图、Web 版式视图等多种视图方式。不同的视图按不同的方式显示文档，满足不同的工作需要，提高工作效率。

1. 普通视图

普通视图是一种较为常用的视图方式，它只显示最基本的文本格式，不显示页边距等复杂内容。普通视图简化了页面布局，具有快速的特性，最适合编辑简单格式文档。

选择【视图】→【普通】命令或单击水平滚动条左侧的普通视图按钮，即可将文档模式切换到普通视图，如图 3.22 所示。

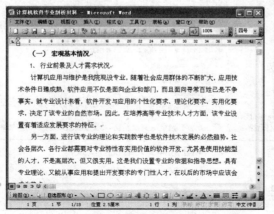

图 3.22 普通视图

2. 页面视图

页面视图也是 Word 2003 常用的基本视图模式。页面视图很好地显示了排版格式，常被用来对文本、格式、版面或外观进行格式修改。

选择【视图】→【页面】命令或单击水平滚动条左侧的页面视图按钮 ，即可将文档模式切换到页面视图，如图 3.23 所示。

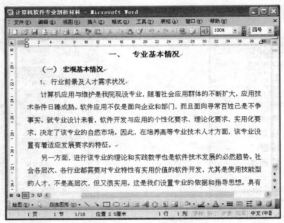

图 3.23　页面视图模式

3. 大纲视图

大纲视图是显示文档结构的视图。它用于显示、修改或创建文档的大纲，突出文档的主干结构，方便用户查看和调整文档的层次结构。所以大纲视图比较适合整理文档结构时使用。

选择【视图】→【大纲】命令或单击水平滚动条左侧的大纲视图按钮 ，即可将文档模式切换到大纲视图，如图 3.24 所示。

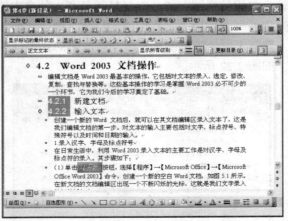

图 3.24　大纲视图模式

4. Web 版式视图

Web 版式视图的最大优点是阅读和显示文档的效果非常好，并根据窗口的大小自动换行，不显示实际打印的形式。除此之外，Web 版式视图下还可以设置文档的背景，制作网页等。

与前面三种视图的操作相似，选择【视图】→【Web 版式】命令或单击水平滚动条左侧的 Web 版式视图按钮 ，即可将文档模式切换到大纲视图，如图 3.25 所示。

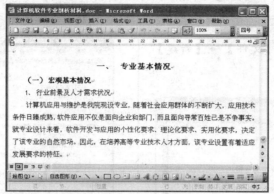

图 3.25　Web 版式视图模式

3.2　Word 2003 文档操作

编辑文档是 Word 2003 最基本的操作，包括文本的录入、选定、修改、复制、查找与替换等。基本操作的学习是掌握 Word 2003 必不可少的环节，为我们今后的学习奠定了基础。

3.2.1　新建文档

新建文档的方法有很多，这里介绍最常用的两种。

1. 启动 Word 2003

创建新文档最直接的方法是启动 Word 2003，具体操作步骤是：

选择【程序】→【Microsoft Office】→【Microsoft Office Word 2003】命令，创建一个新的空白 Word 文档，如图 3.26 所示。

图 3.26　创建新文档

2. 使用菜单栏创建新文档

我们也可以使用菜单栏创建一个新文档，具体操作步骤如下。

❶ 选择菜单栏的【文件】→【新建】命令，如图 3.27 所示。

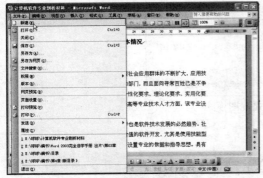

图 3.27 选择【新建】命令

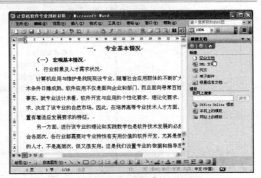

图 3.28 【新建文档】任务窗口

❷ 随即打开一个【新建文档】任务窗口，如图 3.28 所示。

❸ 在【新建文档】任务窗口中选择【空白文档】，Word 2003 就新建了一个空白文档，如图 3.29 所示。

图 3.29 新建的空白文档

3.2.2 输入文本

创建新的 Word 文档后，就可以在文档编辑区录入文本了，这是编辑文档的第一步。文本的输入主要包括文字、标点符号、特殊符号以及时间和日期的输入。

1. 录入汉字、字母及标点符号

汉字、字母及标点符号的录入步骤如下。

❶ 单击　开始　按钮，选择【程序】→【Microsoft Office】→【Microsoft Office Word 2003】命令，创建一个新的空白 Word 文档。

在新文档的文档编辑区出现一个不断闪烁的光标，这就是文字录入的初始插入点，如图 3.30 所示。

图 3.30　创建的新文档

❷ 选择合适的输入法，从初始插入点录入文字即可。图 3.31 就是使用微软拼音

输入法输入的一段文字，输入法类型显示在屏幕左下角。

图 3.31　文字录入

提　示

录入文字时，插入点向右移动，当到达编辑区最右边时，用户不必按下 Enter 键换行，而可以直接继续录入。这是因为 Word 2003 支持文字录入自动转换到下一行开始。只有结束了一段文字的录入，用户才需按下 Enter 键，转换到下一段的开始。

录入英文字母时，若是英文输入法就可以直接录入，否则需要先转换输入法。转换输入法的方法有很多，一个最方便的快捷键方法即按下 Ctrl 空格键切换中/英文输入法。

编辑文本时经常要录入标点符号，常见的标点符号可以用键盘直接录入，而录入键盘上没有的标点符号，我们可以选择【插入】→【符号】命令，打开【符号】对话框，单击要插入的符号，再单击窗口右下角的 插入(I) 按钮即可，如图 3.32 所示。

图 3.32　【符号】对话框

2. 录入特殊符号

Word 2003 提供了多种多样的特殊符号，例如"&"、"★"等。要录入特殊符号，选择【插入】→【特殊符号】命令，系统随即打开一个【插入特殊符号】对话框，如图 3.33 所示。

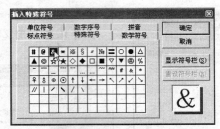

图 3.33 【插入特殊符号】对话框

在打开的【插入特殊符号】对话框中选择想要插入的特殊符号，单击对话框右上角的 确定 按钮，文本中就会插入用户选择的特殊符号，如图 3.34 所示。

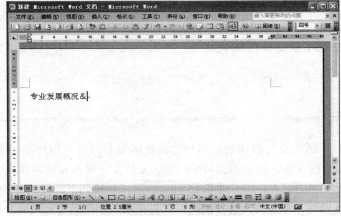

图 3.34 在文本中插入特殊符号

3. 插入时间和日期

Word 文档中可以插入时间和日期，具体的操作步骤如下。

❶ 选择【插入】→【日期和时间】命令，系统打开一个【日期和时间】对话框，如图 3.35 所示。

图 3.35 【日期和时间】对话框

❷ 在【日期和时间】对话框的【可用格式】列表框中选择想要的日期时间格式。

❸ 单击 确定 按钮，文本中就会插入选中的日期和时间，如图 3.36 所示。

图 3.36 在文本中插入日期和时间

| 提 示 |

在【日期和时间】对话框中有一个【自动更新】复选框，如果选中该复选框，打印文档时就会自动更新插入的日期和时间，否则始终打印插入时的日期和时间。

| 练一练 |

请在文档中插入特殊字符"※"与当前的日期与时间。

3.2.3　选择文本

我们对文档的编辑总是针对某一个特定的对象，例如复制一个单词、删除一行、移动一个段落到另一个位置等。选定文本的作用就是选中操作的具体对象，从而对选定的文本实施各种操作。选定的文本内容是不确定，既可以是单个的字符，也可以是整篇文档，因此我们可以采用不同的方法选定不同的文本内容。

1. 使用鼠标选定文本

利用鼠标可以快速灵活地选择任意文本内容，这是选定文本最常用的一种方法，具体操作步骤如下。

❶ 在打开的文档中，放置鼠标指针到将要选定的文本位置。例如要选中《计算机软件技术专业剖析材料》文档的第 1 段第 1 句话，就将鼠标指针放置到第 1 段的起始位置，如图 3.37 所示。

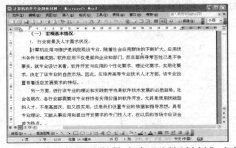

图 3.37　《计算机软件技术专业剖析材料》文档

❷ 按住鼠标左键，拖曳鼠标至第 1 段第 1 句话的句尾，然后释放鼠标，选中的文本就以高亮形式显示在屏幕上，如图 3.38 所示。

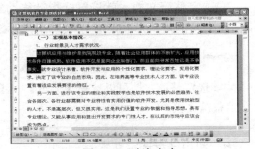

图 3.38　选定文本

| 提 示 |

选定文本后，用户就可以对其实施移动、复制、删除等具体操作了。但要注意一点，即选定文本后不要在文档的任何位置单击鼠标，否则文本的选定操作就会取消。

除了上面介绍的利用鼠标拖曳方法选定文本外，还有一些更为方便快捷的方法。下面就对这些方法做一个简单的介绍。

2．双击鼠标左键选定字符或词组

要想选定某个字符或词组，可以将光标插入到所选字符或词组的任何地方（字符或词组的前面、中间、后面均可），然后双击鼠标左键，就可选中该字符或词组。

3．选定一行文本

要想选定某一行文本，就将光标移动到该行的最左侧，当光标更改为指向右上角的箭头形状时，单击鼠标，该行就被选定并以高亮形式显示在屏幕上，如图 3.39 所示。

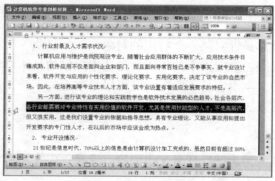

图 3.39　选定一行文本

4．选定一个段落

选定一个段落与选定一行文本的方法非常相似，也是将光标移动到该行的最左侧，待鼠标更改为指向右上角的箭头形状时，双击鼠标左键，此时就选定了整个段落。

5．选定整篇文档

需选定整篇文档，就将鼠标指针移动到文档正文左侧的任意位置，待鼠标指针更改为指向右上角的箭头形状时，连续单击鼠标 3 次即可。

> ┃ **提 示** ┃
>
> 选定整篇文档可以选择【编辑】→【全选】命令，还可以使用快捷键 Ctrl + A 来选定整篇文档。

6．利用键盘选定文本

除了使用鼠标选定文本外，还可以通过键盘组合键来选定文本。使用键盘选定文本时，需先将插入点移到将选文本的起始位置，然后操作有关的组合键即可。各个组合键的功能如表 3.1 所示。

表 3.1　　　　　　　　　　　　　　使用组合键选定文本

组 合 键	选 定 范 围
Shift+→	选中插入点右侧的一个字符
Shift+←	选中插入点左侧的一个字符

组　合　键	选　定　范　围
Shift+↑	选择到上一行同一位置之间的所有字符
Shift+↓	选择到下一行同一位置之间的所有字符
Shift+End	选择从插入点到所在行行尾之间的所有字符
Shift+Home	选择从插入点到所在行行首之间的所有字符
Ctrl+Shift+↓	选择从插入点到所在段的段尾
Ctrl+Shift+↑	选择从插入点到所在段的段首
Shift+Page Down	选择从插入点到下一屏之间的内容
Shift+Page Up	选择从插入点到上一屏之间的内容
Ctrl+Shift+End	选择从插入点到整篇文档的结尾
Ctrl+Shift+Home	选择从插入点到整篇文档的开始
Ctrl+A	选择整篇文档

3.2.4　移动文本

移动是将文档中某些位置不合适的内容移动到合适的位置，而删除原位置上的内容。移动文本的方法也有很多，下面介绍几种常用的操作。

1．直接拖动

❶ 选中将要移动的文本，将鼠标指针悬浮于该文本之上，当鼠标指针变为指向左上方的箭头时拖动鼠标。此时鼠标指针变为，文档中出现一个代表插入点的随之移动的虚线，如图 3.40 所示。

❷ 当代表虚线的插入点移动到目标位置时，松开鼠标，选中的文本就被移动到目标位置了。如图 3.41 所示。

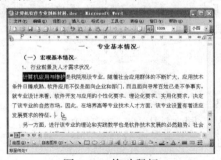

图 3.40　拖动鼠标

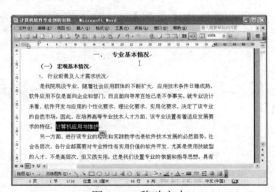

图 3.41　移动文本

2．利用键盘移动文本

一种快捷的方法是：选中将要移动的文本，然后将鼠标移动到目标位置，按住 Ctrl 键，同时单击鼠标右键，此时，文本就被移动到目标位置上了。

3.2.5 复制文本

总有些内容会在文档中多次重复出现，为了避免不必要的重复输入工作，Word 2003 提供了文本的复制功能。复制是指在文档的新位置上插入出现过的相同内容。

复制是编辑文档的常用操作，它的方法多种多样，我们先介绍一种最为方便快捷的方法，即利用剪贴板来复制文本。具体操作步骤如下。

❶ 在 Word 文档中选择【编辑】→【Office 剪贴板】命令，文档右侧就出现了一个【剪贴板】任务窗口，如图 3.42 所示。

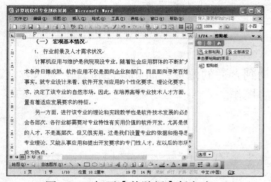

图 3.42　打开【剪贴板】任务窗口

❷ 在 Word 文档中选中需要复制的文本内容，然后单击鼠标右键，在出现的下拉列表里选择【复制】，如图 3.43 所示。

❸ 此时【剪贴板】任务窗口会显示要复制的文本内容，如图 3.44 所示。

图 3.43　选择复制文本

图 3.44　选择粘贴　　图 3.45　【删除】某项内容

❹ 移动鼠标到插入点位置，用鼠标单击【剪贴板】任务窗口的【单击要粘贴的项目】窗口中的要复制的文本内容即可。

提 示

Word 2003 的【剪贴板】允许用户最多可以从不同文档中复制 24 项内容，并可以通过【全部清空】按钮将其全部清空。若想删除其中的某项内容，只用单击此项内容后的下三角按钮中的【删除】命令即可，如图 3.45 所示。

除了使用【剪贴板】复制与粘贴文本外，还有一些其他的操作方法，这里做一个简单的介绍。

1. 拖曳鼠标复制文本

如果当前插入点与要复制的文本同属于一个文档窗口，即距离比较近，就可以使用拖曳鼠标的方法进行文本的复制与粘贴。具体操作步骤如下。

❶ 选中要复制的文本内容，如图 3.46 所示。

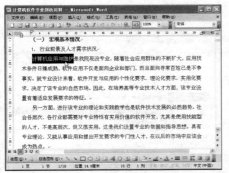

图 3.46　选中要复制的文本内容

❷ 按住 Ctrl 键的同时按住鼠标左键，

然后拖曳选中的文本内容至当前插入点即可，如图 3.47 所示。

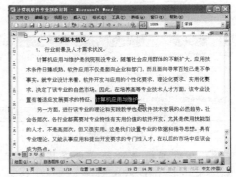

图 3.47　复制选中的文本内容

2. 使用菜单命令复制文本

菜单命令也是实现文本复制的有效途径，具体的操作步骤如下。

❶ 选中要复制的文本，然后选择【编辑】→【复制】命令，如图 3.48 所示。

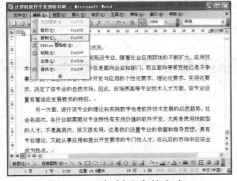

图 3.48　复制选中的文本

❷ 移动鼠标指针到目标位置，然后选择【编辑】→【粘贴】命令即可，如图 3.49 所示。

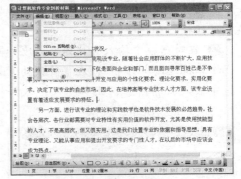

图 3.49　粘贴选中的文本

3.2.6　查找与替换文本

查找与替换是 Word 2003 提供的非常有用的功能，使工作变得十分迅速和有效。

1. 查找

查找功能可以帮助用户快速定位于文本的某一处。操作步骤如下。

❶ 选择菜单栏的【编辑】→【查找】命令或按 Ctrl+F 键，打开【查找和替换】对话框，如图 3.50 所示。

图 3.50 【查找和替换】对话框

❷ 在对话框中输入需要查找的内容，比如输入"计算机应用与维护"，然后单击 查找下一处(F) 按钮。

❸ Word 2003 根据内容进行查找，并将找到的内容移到当前的文档窗口，以高亮形式显示。如图 3.51 所示。

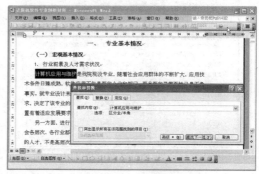

图 3.51 查找内容

2. 替换

替换功能与查找功能非常相似，唯一不同的是在找到指定的内容后，替换功能可用指定的新内容进行替换。具体的操作步骤如下。

❶ 选择菜单栏的【编辑】→【替换】命令或按下 Ctrl+I+H 键，打开【查找和替换】对话框，如图 3.52 所示。

❷ 在对话框中输入查找内容，比如输入"计算机应用与维护"；在【替换为】文本框中输入新的内容，比如输入"软件技术"。如图 3.53 所示。

图 3.52 【查找和替换】对话框

图 3.53 输入查找与替换的内容

❸ 单击 全部替换(A) 按钮，Word 2003 就会用新内容替换掉原有内容。如图 3.54 所示。

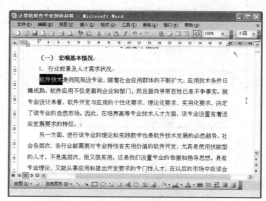

图 3.54 替换原有内容

3.2.7　撤销与恢复文本

编辑文档时，难免会出现一些错误的操作，例如不小心删除、替换或者移动了某些文本的内容。Word 2003 提供的【撤销】和【恢复】功能可以帮助用户纠正错误的操作，提高工作效率。使用【撤销】功能能够撤销刚刚做过的操作，使文档还原为操作之前的状态；而【恢复】功能则与之相反，用于恢复被撤销的操作。

"撤销"和"恢复"功能可以通过【常用】工具栏上的【撤销】按钮和【恢复】按钮来实现。

除此之外，用户还可以使用菜单栏的【编辑】菜单。例如，我们将"21 世纪是信息时代"移到段尾后想撤销，就可以选择【编辑】菜单中的【撤销移动】命令，如图 3.55 所示。

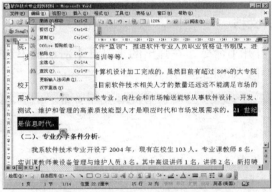

图 3.55　使用【编辑】菜单撤销操作

3.2.8　保存文档

随时保存文档是一种良好的习惯，这样可以避免停电、死机或其他意外事故造成的信息数据丢失。Word 2003 提供了多种文档保存方法，下面就做一个简单的介绍。

1．保存新文档

（1）选择【文件】→【另存为】命令，打开【另存为】对话框，如图 3.56 所示。

图 3.56　【另存为】对话框

（2）设置该文档的名字、保存位置及保存类型，然后单击 保存(S) 按钮即可。

2. 保存已有文档

修改一个已经存在的文档再保存时，可以直接单击【常用工具栏】中的 ⬚ 按钮。

> **提 示**
>
> 若不想覆盖原有的文档，只需选择【文件】→【另存为】命令，在打开的【另存为】对话框中重新设置该文档的名字、保存位置及保存类型即可。

3.2.9 打开文档

若要对已保存过的文档进行各种操作，就需要先打开它。打开文档的方法有以下几种：

1. 使用菜单栏打开文档

选择【文件】→【打开】命令，在弹出的【打开】对话框中选择文档所在的路径，再单击 ⬚ 打开(o) ⬚ 按钮即可。如图 3.57 所示。

图 3.57 【打开】对话框

> **提 示**
>
> 在弹出的【打开】对话框中选择文档所在的路径，找到要打开的文件，双击该文件也可直接打开。

2.【常用】工具栏

在 Word 2003 中，最常用的打开文档的方法是单击【常用】工具栏的 ⬚ 按钮，系统弹出一个【打开】对话框，之后的操作与上面相同。

3.2.10 关闭文档

关闭文档是指关闭当前正在使用的文档窗口，将其从系统内存中清除。关闭文档的方法有以下几种。

■ 单击文档窗口右上角的 ⬚ 按钮。

- 选择菜单栏中的【文件】→【关闭】命令。
- 使用快捷键 Ctrl+F4 。

| 提 示 |

若关闭做过修改的文档，系统在该文档关闭之前提示用户是否保存修改。如图 3.58 所示。

图 3.58　系统提示保存修改对话框

若保存对文档所做的修改，单击 是(Y) 按钮；否则单击 否(N) 按钮；若要放弃关闭操作，就单击 取消 按钮。

3.3　本 讲 小 结

本讲为用户介绍了 Word 2003 的基础知识和基本操作，包括 Word 2003 的工作界面、启动与退出 Word 2003、创建新文档、复制移动文本、查找替换文本等内容，这些基础知识的学习是大家熟练运用 Word 2003 的前提条件。

3.4　思考与练习

1. 填空题

（1）Word 2003 是（　　）套装软件的一个组件。

（2）Word 2003 的工作界面主要由（　　）、（　　）、（　　）、（　　）、（　　）和（　　）组成。

2. 选择题

（1）要选择光标所在段落，可（　　）该段落。

　　A. 单击　　　　　　　　B. 双击　　　　　　　　C. 三击

（2）要选择全文，应按（　　）键。

　　A.【Ctrl】+【A】　　　B.【Shift】+【A】　　　C.【Alt】+【A】

（3）删除选定的文本可以用快捷键（　　）；复制选定文本可用快捷键（　　）；粘贴文本可用快捷键（　　）。

　　A.【Ctrl】+【C】　　　B.【Ctrl】+【V】　　　C.【Ctrl】+【X】

　　D.【Ctrl】+【Z】　　　E.【Ctrl】+【Y】

3. 问答题

（1）Word 2003 的视图方式有哪些？

（2）如何正常启动 Word 2003？

第4讲　Word 办公应用

▶ **本讲要点**

- Word 2003 基本格式的设置方法
- Word 2003 的特殊效果设置方法
- 运用 Word 2003 制作公司宣传册

▶ **快速导读**

　　本讲系统介绍了 Word 2003 的基本操作，如文字格式设置、段落格式设置、添加边框和底纹、插入图片和表格、添加文本框等，并使用这些操作制作了一个精美的宣传册。

4.1　设置文字格式

所有的 Word 文档都是由文字组成的，包括汉字、字母、数字、标点符号等。文字格式设置是 Word 2003 最基本的格式设置，包括字体的设置、字符大小以及形状的设置、特殊的艺术效果等。

4.1.1　用【字体】对话框设置

文字格式的设置方法有很多，我们先来介绍如何用【字体】对话框设置文字的格式。

1. 设置字体、字号及字型

选择菜单栏的【格式】→【字体】命令，在弹出的【字体】对话框的【字体】选项卡中设置字体、字号及字型。如图 4.1 所示。

> **提　示**
>
> Windows XP 操作系统提供了常见的中、英文字体，如宋体、楷体、隶书、Times New Roman 等。如果用户需要更多的字体，可以安装一些字库。

2. 设置缩放及字符间距

我们还可以使用【字体】对话框中的【字符间距】选项卡设置缩放和字符间距，如图 4.2 所示。

图 4.1　【字体】对话框

图 4.2　【字符间距】选项卡

> **提　示**
>
> 【字符间距】选项卡中的【缩放】调整的是字符的宽度，而【间距】调整的是文字的间距大小，字符本身并不改变。如图 4.3 所示。

3. 设置文字效果

设置文字的动态效果是制作生动活泼的演示文档的有效途径。Word 2003 通过【字体】对话框中的【文字效果】选项卡为文档添加动画效果，如图 4.4 所示。

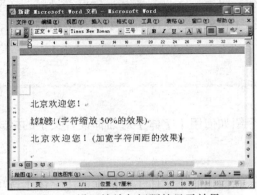

图 4.3 设置缩放与间距的显示效果

图 4.4 【文字效果】选项卡

4.1.2 用【格式】工具栏设置

除了用【字体】对话框设置文字格式外，还有一种更方便快捷的方法，即使用【格式】工具栏设置，如图 4.5 所示。

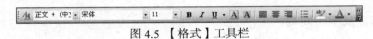

图 4.5 【格式】工具栏

用户可以在字体下拉列表里选择合适的字体，也可以在字号下拉列表里选择合适的字号。如果想要改变文字的显示效果，突出其中的某部分内容，可以使用【格式】工具栏设置字符的附加属性。下面就是一些设置字型与显示效果的图标按钮。

B：单击此按钮将选中的文字设置为粗体。

A：单击此按钮为选中的文字设置底纹。

A：单击此按钮为选中的文字设置边框。

U ：单击此按钮为选中的文字设置下划线，单击按钮右侧的下三角按钮设置下划线的类型。

I：单击此按钮将选中的文字设置为斜体。

A ：为选中的文字设置颜色。

4.2 调整段落格式

段落格式是指以段落为单位的格式设置，包括段落的对齐方式、段落缩进以及行间距和段落间距等内容。我们可以通过【格式】→【段落】命令，在打开的【段落】对话框中设置精确的段落格式，如图 4.6 所示。

图 4.6　【段落】选项卡

4.2.1　设置段落的对齐方式

　　Word 2003 提供的段落对齐方式有左对齐、右对齐、居中、两端对齐和分散对齐 5 种。图 4.7 演示了这 5 种对齐方式的显示效果。

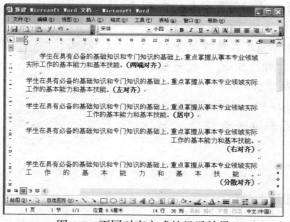

图 4.7　不同对齐方式的显示效果

　　设置段落的对齐方式可以选择【格式】工具栏中的对齐按钮▨（居中）、▨（两端对齐）、▨（右对齐）等，或者选择【格式】→【段落】命令，在打开的【段落】对话框中的【缩进和间距】选项卡中选择段落的对齐方式，然后单击 确定 按钮即可。

4.2.2　设置段落缩进

　　段落缩进包括段落的首行缩进、悬挂缩进和左右边界缩进 3 种。其中首行缩进是指段落的第一行相对于段落的左边界缩进，常见的段落格式一般是首行缩进两个汉字宽度。悬挂缩进是指段落的首行顶格，其余各行则相对缩进。段落的左右边界缩进是指段落的左右边界相对于左右页边距缩进。

　　段落缩进的方法有很多种，比如常见的菜单方式、标尺方式以及使用【Tab】键和【格式】工具栏等。

1. 使用菜单命令设置段落缩进

使用菜单命令可以较精确地设置段落的缩进量。具体操作步骤如下。

❶ 选中进行段落缩进的段落，如图 4.8 所示。

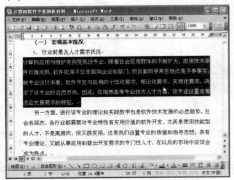

图 4.8 选中段落

❷ 选择【格式】→【段落】命令，在弹出的【段落】对话框中的【缩进和间距】选项卡中选择段落的缩进方式及缩进量。比如设置缩进方式为"首行缩进"，度量值为 2 字符，如图 4.9 所示。

❸ 单击 确定 按钮，选中的段落就会按选中的缩进方式和缩进量缩进，如图 4.10 所示。

图 4.9 【段落】选项卡

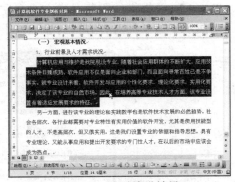

图 4.10 显示缩进效果

2. 使用标尺设置段落缩进

使用标尺设置段落缩进是一种非常方便快捷的方法，但不够精确。具体操作步骤如下。

❶ 选中进行段落缩进的段落。在水平标尺的左端有两个相对的游标，一个呈下三角形▽，为首行缩进游标，另一个呈上三角形△，为悬挂缩进游标。悬挂缩进游标下面的小矩形▯是左缩进游标，水平标尺右端的呈上三角形的游标△是右缩进游标。

❷ 用鼠标拖曳首行缩进游标▽，向右缩进两个字的距离，如图 4.11 所示。

❸ 松开鼠标，完成对段落的首行缩进设置。效果如图 4.10 所示。

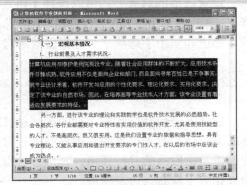

图 4.11 设置首行缩进

3. 使用工具栏按钮设置段落缩进

一种快速设置左边界缩进量的方法是单击【格式】工具栏中的【减少缩进量】按钮 或【增加缩进量】按钮。每单击一次相应的按钮，选中段落的左边界就会向指定的方向移动一个字符位。

4.2.3 设置行距和段间距

行间距是指段落中行与行的距离，段落间距是指段落与段落之间的距离。我们可以使用菜单栏设置行距及段落间距。具体的操作步骤如下。

❶ 选中段落，选择【格式】→【段落】命令，如图 4.12 所示。

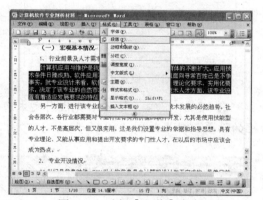

图 4.12　选择【段落】命令

❷ 在弹出的【段落】对话框中的【缩进和间距】选项卡中设置段落的行距及段间距。比如设置行距为 2 倍行距，如图 4.13 所示。

❸ 单击 确定 按钮，设置效果如图 4.14 所示。

图 4.13　【段落】选项卡

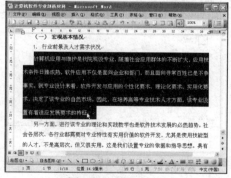

图 4.14　设置效果

4.3　添加边框与底纹

在文档中添加边框和底纹，可以直观强调文档中的内容，使文档更具美感和艺术感，使人印象深刻。

4.3.1 边框的设置

Word 2003 提供了多种多样的线型边框和艺术型边框，并允许使用多种边框类型。用户可以为选中的任意内容添加边框，具体操作步骤如下。

❶ 选中要添加边框的文本，选择【格式】→【边框和底纹】命令，如图 4.15 所示。

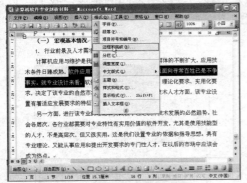

图 4.15　选择【边框和底纹】命令

❷ 打开【边框和底纹】对话框，选择【边框】选项卡，如图 4.16 所示。

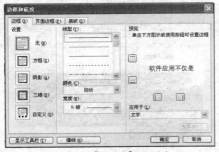

图 4.16　【边框】选项卡

❸ 从【设置】选项组的"无"、"方框"、"阴影"、"三维"和"自定义"5 种类型中

选择需要的边框类型，如选择"方框"；在【线型】选择框中选择实线类型。如图 4.17 所示。

图 4.17　设置边框类型

❹ 单击 [确定] 按钮，完成对文本边框的设置。效果如图 4.18 所示。

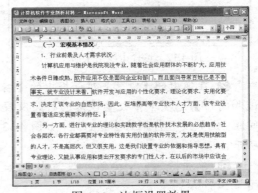

图 4.18　边框设置效果

| 提 示 |

我们也可以利用【格式】工具栏上的【字符边框】按钮 [A] 快速地添加边框。

用户还可以为整个页面添加边框。想要打印一份精美的文档，为页面添加边框是一个很好的办法，操作步骤如下。

❶ 选择【格式】→【边框和底纹】命令，打开【边框和底纹】对话框，选择【页面边框】选项卡，如图 4.19 所示。

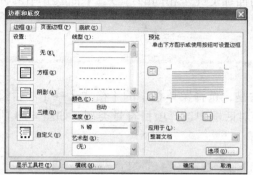

图 4.19 【页面边框】选项卡

❷ 设置页面边框的类型、线型等各种属性，单击 确定 按钮，完成对页面边框的设置。预览效果如图 4.20 所示。

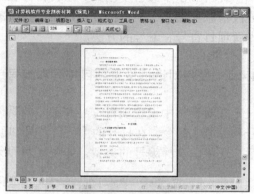

图 4.20 预览设置效果

4.3.2 底纹的设置

添加底纹与添加边框不同，它不能对整个页面添加，而只能对文字、段落等添加。添加底纹时，也要先选中文本，然后选择【格式】→【边框和底纹】命令，在打开的【边框和底纹】对话框中选择【底纹】选项卡。如图 4.21 所示。

设置底纹的填充颜色、样式等属性，单击 确定 按钮，完成对底纹的设置。效果如图 4.22 所示。

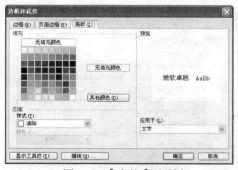

图 4.21 【底纹】选项卡

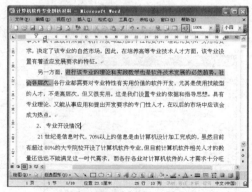

图 4.22 底纹设置效果

提 示

我们也可以利用【格式】工具栏上的【字符底纹】按钮 A ，快速为文本添加底纹。但是使用【字符底纹】按钮添加的底纹只有一种，即颜色为灰色，且灰度为 15% 的底纹样式。

4.4 设置项目符号和编号

在 Word 中经常要用到"项目符号和编号"功能。编号是按照先后顺序为文档中的行或段落添加编号，项目符号则是在一些段落的前面加上完全相同的符号。下面就介绍两种设置项目符号和编号的方法。

4.4.1 使用对话框设置项目符号和编号

在对话框中设置项目符号和编号的具体方法是，选择菜单栏中的【格式】→【项目符号和编号】命令，在打开的【项目符号和编号】对话框中选择项目符号类型，如图 4.23 所示，还可以选择编号的类型，如图 4.24 所示。

图 4.23 选择项目符号

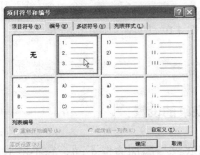

图 4.24 选择编号

在【项目符号和编号】对话框中还可以设置多级符号。步骤是先将鼠标插入到想要添加多级符号的文本中，在打开的【项目符号和编号】对话框中选择【多级符号】选项卡，选择一种多级符号类型，如图 4.25 所示。

单击 确定 按钮即可，效果如图 4.26 所示。

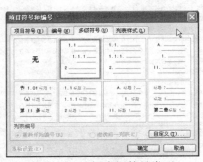

图 4.25 选择多级符号类型

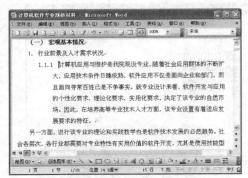

图 4.26 设置多级符号效果

4.4.2 使用工具栏设置项目符号和编号

使用对话框设置项目符号和编号的方法比较复杂，下面再介绍一种更快捷的方法，即使用工具栏按钮设置。

单击【格式】工具栏上的【项目符号】按钮三 设置项目符号；单击【格式】工具栏上的【编号】按钮三 设置文档的编号。

4.5 应用特殊排版方式

Word 2003 提供了强大的排版功能，利用它可以更加合理地设计与规划文档的版式。本节介绍一些特殊排版方式。

4.5.1 首字下沉

首字下沉是指将段落起始的第一个或某几个字母、文字变为大号字，并以下沉或悬挂的方式改变文档的版面样式。报刊杂志中经常可以看见首字下沉的排版效果，具体步骤如下。

❶ 将光标移动到文章第一段的任何一个位置，选择菜单栏中的【格式】→【首字下沉】命令，如图 4.27 所示。

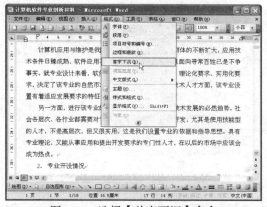

图 4.27 选择【首字下沉】命令

❷ 打开【首字下沉】对话框，如图 4.28 所示。

❸ 在【首字下沉】对话框中选择"位置"、"字体"、"下沉行数"等属性，单击 确定 按钮即可。设置效果如图 4.29 所示。

图 4.28 【首字下沉】对话框

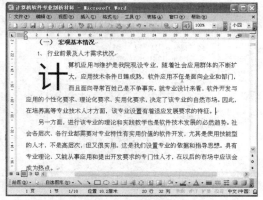

图 4.29 设置效果

取消首字下沉效果，操作步骤如下。

❶ 选中被设为首字下沉的文字。

❷ 选择【格式】→【首字下沉】命令，打开【首字下沉】对话框。

❸ 在对话框的【位置】选项中选择【无】。

❹ 单击 确定 按钮即可取消首字下沉。

4.5.2 分栏排版

分栏排版就是将某一页、某一部分文档或整篇文档分成具有相同栏宽或不同栏宽的多个分栏。具体操作步骤如下。

❶ 选中想要分栏的文本，选择【格式】→【分栏】命令，如图 4.30 所示。

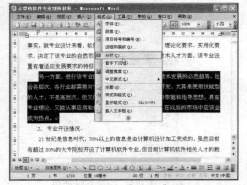

图 4.30　选择【分栏】命令

❷ 打开【分栏】对话框，如图 4.31 所示。

图 4.31　【分栏】对话框

❸ 在【分栏】对话框中确定栏数。若想要栏宽相等就选择栏宽相等复选框，若想要添加分隔线就选中分隔线复选框。如图 4.31 所示。

❹ 单击 确定 按钮，完成对分栏的设置。设置效果如图 4.32 所示。

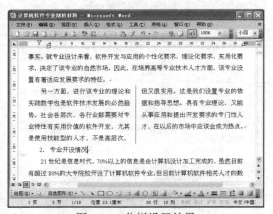

图 4.32　分栏设置效果

利用【分栏】对话框不仅可以设置栏宽相等的分栏，还可以设置栏宽不等的分栏。具体操作方法是，选择【格式】→【分栏】命令，在打开的【分栏】对话框中取消栏宽相等的复选框。设置栏宽不相等的两栏，可以直接选择【预设】选项区中的【偏左】或【偏右】选项；设置三栏以上的不等栏宽，就在【宽度和间距】列表框中分别设置每一栏的栏宽和栏间距。

若设置栏宽相等的分栏，可以使用更为方便快捷的【工具栏】方法。具体操作步骤如下。

❶ 选中要设置分栏的文本。如图 4.33 所示。

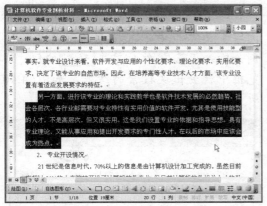

图 4.33　选中文本

❷ 移动鼠标到任意一个工具栏，单击右键，在弹出的快捷菜单中选择【其他格式】工具栏，如图 4.34 所示。

图 4.34　选择【其他格式】工具栏

❸ 单击【其他格式】工具栏中的分栏按钮，在该按钮下方显示了一个含有 4 个栏的示意窗口，如图 4.35 所示。

图 4.35　示意窗口

❹ 在示意窗口中拖动鼠标，选择所需要的栏数，如图 4.36 所示。

图 4.36　拖动鼠标选择栏数

❺ 单击鼠标，完成对所选文本的分栏设置。设置效果如图 4.37 所示。

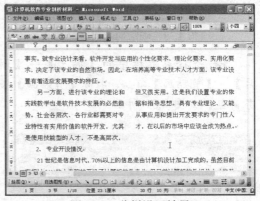

图 4.37　分栏设置效果

4.6　添加图片和剪贴画

用户可以在 Word 2003 中方便地插入各种各样的图片，可以是一个剪贴画、一张照片或是一幅图画。插入图片可以起到画龙点睛的作用，让文档更加生动形象。本节就详细介绍插入图片和剪贴画的方法。

4.6.1 插入剪贴画和图片

1. 插入剪贴画

Word 2003 附带了一个内容非常丰富的剪贴画库，以满足用户的需求。在文档中插入剪贴画的具体步骤如下。

❶ 移动鼠标指针至目标位置，如图 4.38 所示。

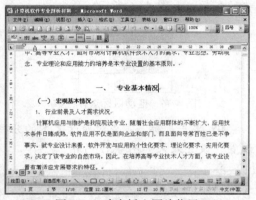

图 4.38 确定插入图片位置

❷ 选择菜单栏中的【插入】→【图片】→【剪贴画】命令，打开【剪贴画】任务窗口，如图 4.39 所示。

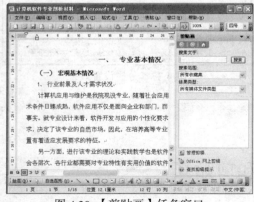

图 4.39 【剪贴画】任务窗口

❸ 在【剪贴画】任务窗口中的【搜索文字】文本框中输入搜索的图片类型，例如输入"花"，然后单击 搜索 按钮，预览框中就会出现搜索的结果，如图 4.40 所示。

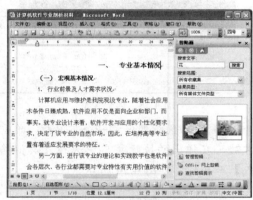

图 4.40 搜索相应图片

❹ 在预览框中选择一张剪贴画，单击该剪贴画，目标位置就插入了该剪贴画，如图 4.41 所示。

图 4.41 插入剪贴画

2. 插入图片

Word 2003 除了允许用户在文档中插入剪贴画库中的剪贴画外，还允许用户插入来自其他程序创建的图片文件。步骤如下。

❶ 移动鼠标指针至目标位置，选择【插入】→【图片】→【来自文件】命令，如图 4.42 所示。

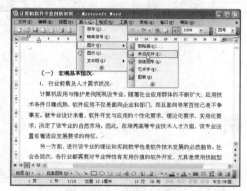

图 4.42　选择命令

❷ 打开【插入图片】对话框，在【查找范围】下拉列表框中选择包含用户所需图片的文件夹，然后在文件列表框中选择要插入的图片，如图 4.43 所示。

图 4.43　选择要插入的图片

❸ 单击 ▢插入(S) 按钮，此时就完成了来自文件图片的插入，效果如图 4.44 所示。

图 4.44　在文档中插入图片

4.6.2　调整图片大小

对于插入文本中的图片，我们还可以更改其大小，具体的操作步骤如下。

❶ 用鼠标单击插入的图片，选中图片，如图 4.45 所示。

❷ 将鼠标放置在图片的右下角，鼠标变成朝向左上的箭头，如图 4.46 所示。

❸ 拖动鼠标，调整图片大小。图 4.47 就是缩小图片后的效果图。

图 4.45　选中插入图片

图 4.46　放置鼠标

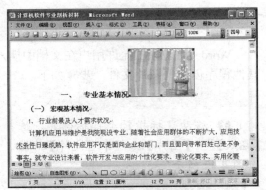

图 4.47　缩小图片后的效果图

4.7　添加表格

表格是由行和列的单元格组成的，通常用来组织和显示信息。通过本节的学习，大家可以了解表格的创建方法以及在表格中输入文本的方法，从而轻松地编辑表格。

4.7.1　插入表格

在学习插入表格之前，先来认识一下表格的组成部分，这对熟练运用表格非常有帮助。表格的组成部分如图 4.48 所示。

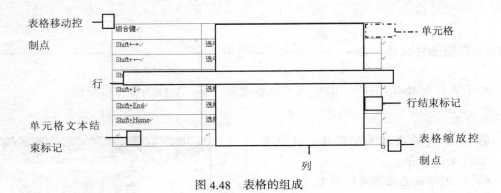

图 4.48　表格的组成

插入表格的常用方法有两种，即使用菜单栏命令和【常用】工具栏上的按钮。

1．使用菜单栏

使用菜单栏命令可以插入任意行数和列数的表格，并且不受窗口的限制，适用性比较强，是最常用的方法。具体操作步骤如下。

❶ 将鼠标指针移动到要插入表格的目标位置，如图 4.49 所示。

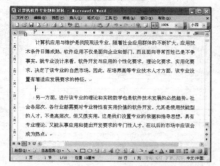

图 4.49　移动鼠标指针至目标位置

❷ 选择菜单栏中的【表格】→【插入】→【表格】命令，如图 4.50 所示。

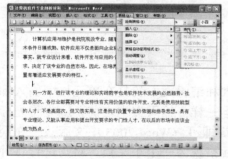

图 4.50　选择菜单栏命令

❸ 打开【插入表格】对话框，在【列数】和【行数】文本框中输入表格的列数和行数。例如输入列数为 "4"，行数为 "7"，如图 4.51 所示。

图 4.51　【插入表格】对话框

❹ 单击 确定 按钮，完成对表格的插入，如图 4.52 所示。

图 4.52　在文档中插入表格

2. 利用【常用】工具栏

【常用】工具栏上的按钮适合创建行数和列数较少的表格，这是最方便快捷的方法，具体操作步骤如下。

❶ 将鼠标指针移动到要插入表格的目标位置，如图 4.53 所示。

❷ 单击【插入表格】按钮 ，出现一个网格显示框，如图 4.54 所示。

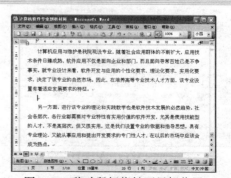

图 4.53　移动鼠标指针至目标位置

图 4.54　网格显示框

图 4.55　网格显示框显示行数和列数

❸ 网格显示框中的每一个网格代表一个单元格，向右下方拖动鼠标，网格会相应变成蓝色，表示要创建表格的行数和列数。例如我们要创建一个行数为 4、列数为 3 的表格，网格显示框如图 4.55 所示。

❹ 单击鼠标，完成对表格的插入，如图 4.56 所示。

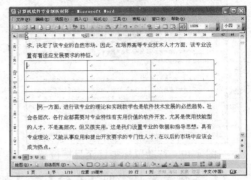

图 4.56　在文档中插入表格

4.7.2　在表格中输入文本

表格是由若干单元格组成的，在表格中输入和编辑文本就是在单元格中输入和编辑文本，这和在文档中别的地方输入和编辑文本一样。输入文本之前，应先将光标放置到需要输入文本的位置，输入后按【Enter】键即可。Word 2003 中文版只是在同一个单元格中开始一个新的段落，可以将每个单元格视为一个小文档，对它进行各种编辑和排版。

在表格中输入文本的具体操作如下。

❶ 将光标移动到要输入文本的位置，如图 4.57 所示。

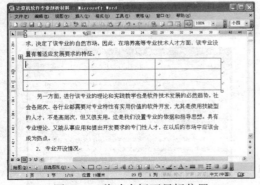

图 4.57　移动光标至目标位置

❷ 按要求向表格中输入文本即可，例如输入"计算机"，如图 4.58 所示。

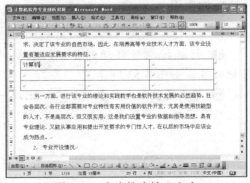

图 4.58　在表格中输入文本

| 提　示 |

在表格中，除了使用鼠标外，还可以使用键盘移动光标。使用键盘移动光标的具体方法如表 4.1 所示。

表 4.1　　　　　　　　　　　　使用键盘在表格中移动光标的方法

目　　的	方　　法
移至后一个单元格	按【Tab】键（光标位于表格的最后一个单元格时，按【Tab】键将添加一行）
移至前一个单元格	按【Shift】+【Tab】组合键
移至上一行	按"↑"键
移至下一行	按"↓"键
移至本行的第一个单元格	按【Alt】+【Home】或【Alt】+数字键盘上的 7 组合键（此时 Num Lock 键必须关闭）
移至本行的最后一个单元格	按【Alt】+【End】或【Alt】+数字键盘上的 1 组合键（此时 Num Lock 键必须关闭）
移至本列的第一个单元格	按【Alt】+【Page Up】或【Alt】+数字键盘上的 9 组合键（此时 Num Lock 键必须关闭）
移至本列的最后一个单元格	按【Alt】+【Page Down】或【Alt】+数字键盘上的 3 组合键（此时 Num Lock 键必须关闭）
在本单元格开始一个新段落	按【Enter】键
在表格末添加一行	在鼠标光标位于最后一个单元格时按【Tab】键
在位于文档开头的表格之前添加文本	光标移到第一个单元格的前面，按【Enter】键

4.7.3　美化表格

在表格中输入文本之后，还可以对文本格式进行编辑和修改，使整个表格更具美感。这里介绍几种常见的美化表格的方法。

1.　设置单元格中文本的对齐方式

单元格中输入文本默认的对齐方式是左对齐，用户可以根据需要进行调整。具体操作如下。

❶ 选中需要调整文本对齐方式的单元格，如图 4.59 所示。

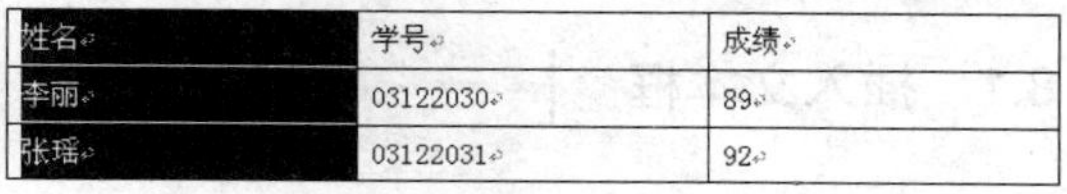

姓名	学号	成绩
李丽	03122030	89
张瑶	03122031	92

图 4.59　选中单元格

❷ 单击【表格和边框】工具栏中的【对齐方式】按钮 ，如图 4.60 所示。

图 4.60　选择【对齐方式】按钮

❸ 在打开的【对齐方式】下拉菜单中选择一种对齐方式，例如选择"中部居中"，如图 4.61 所示。

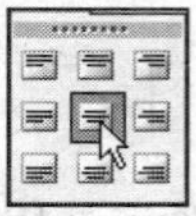

图 4.61　选择对齐方式

❹ 单击鼠标，完成文本对齐方式的设置，如图 4.62 所示。

姓名	学号	成绩
李丽	03122030	89
张瑶	03122031	92

图 4.62　设置文本对齐方式为"居中"后的效果

2. 设置文字方向

表格中的文本在默认状态下都是横向排列的，用户可以根据需要改变文字方向，具体操作如下。

❶ 选中要更改文字方向的单元格，如图 4.63 所示。

姓名	学号	成绩
李丽	03122030	89
张瑶	03122031	92

图 4.63　选中单元格

❷ 选择菜单栏中的【格式】→【文字方向】命令，打开如图 4.64 所示的对话框。

❸ 在【方向】选项区中选择一种文字方向，单击 确定 按钮，完成对文字方向的设置，如图 4.65 所示。

图 4.64　【文字方向】对话框

图 4.65　更改文字方向后的效果

4.8　添加文本框

文本框是一种存放文本和图形的独立窗口，用户可以将文本框放置在页面的任意位置，并根据需要调整大小。它是一个独立的小型编辑区，用户可以对其中的文本和图形进行各种编辑操作。

4.8.1　插入文本框

Word 2003 提供了"横排"和"竖排"文本框两种类型。用户在插入文本框时可以设置文本框中文字的排列方式，即横排或竖排。具体操作如下。

❶ 选择菜单栏中的【插入】→【文本框】命令，并选择文本框中文字的排列方式，如图 4.66 所示。

图 4.66 选择菜单命令

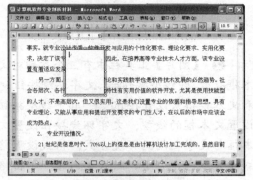

图 4.67 插入文本框

❷ 单击鼠标，文档中插入了一个空白的文本框，如图 4.67 所示。

除了使用菜单栏之外，用户还可以单击【绘图】工具栏上的【横排文本框】按钮📄或【竖排文本框】按钮📄，在文档中插入文本框，如图 4.68 所示。

图 4.68 【绘图】工具栏

4.8.2 编辑文本框

创建好新的文本框后，就可以对文本框进行各种编辑操作。

1. 在文本框中输入文字

和表格中的单元格一样，文本框也是一个相对独立的编辑区。用户可以在文本框中输入文本，并对其进行各种编辑操作，如图 4.69 所示。

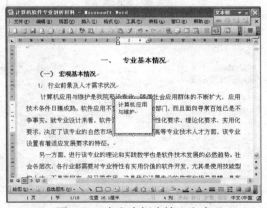

图 4.69 在文本框中输入文本

2. 设置文本框

用户可以利用【图片】工具栏对文本框进行设置，具体操作步骤如下。

❶ 打开【图片】工具栏，如图 4.70 所示。

图 4.70 【图片】工具栏

❷ 【图片】工具栏中有三个按钮对文本框有效，即线型按钮、文字环绕按钮和文本框格式设置按钮。其中线型按钮设置文本框的线型；文字环绕按钮设置文本框与文字之间的环绕方式；格式设置格式设置颜色、大小、版式等内容。单击格式设置按钮，打开【设置文本框格式】

对话框，如图 4.71 所示。

图 4.71 【设置文本框格式】对话框

4.9   应用实例——制作公司宣传册

公司宣传册是宣传企业形象与文化的有效途径，一份精美的宣传册可以让人印象深刻，对公司有一个直观的了解和认识。本例着重介绍如图 4.72 所示的公司宣传册的制作方法。

图 4.72   公司宣传册

具体操作步骤如下。

❶ 打开一个空白文档，如图 4.73 所示。

图 4.73　打开一个空白文档

❷ 输入 "AOVD 产品与服务"，更改字体为 "一号"，颜色为 "棕色"，并设置文字对齐方式为 "居中"。如图 4.74 所示。

图 4.74　输入标题

❸ 移动光标至标题最左边，选择菜单栏中的【插入】→【图片】→【来自文件】命令。打开【插入图片】对话框，在【查找范围】下拉列表框中选择包含用户所需图片的文件夹，然后在文件列表框中选择要插入的图片，单击 插入(S) 按钮，效果如图 4.75 所示。

图 4.75　插入图片

❹ 切换光标至下一行，重复上一步操作，插入另一张图片，并调整图片大小，设置图片对齐方式为 "居中"。预览效果如图 4.76 所示。

图 4.76　效果预览

❺ 选择菜单栏中的【插入】→【文本框】命令，并选择文本框中文字的排列方式为 "横排"。如图 4.77 所示。

图 4.77　插入文本框

❻ 调整文本框大小，使之与页面对齐。在文本框中输入文本，根据需要调整文字的字体、字号、颜色等属性，如图 4.78 所示。

图 4.78　在文本框中输入文字

❼ 单击【图片】工具栏的格式设置按钮，打开【设置文本框格式】对话框，在【颜色与线条】选项卡中选择填充颜色为"蓝色"，线条颜色为"无"，单击 确定 按钮。预览效果如图 4.79 所示。

图 4.79 预览效果

4.10 本 讲 小 结

本讲详细介绍了 Word 2003 的文档编辑和基本格式设置方法，这是运用 Word 2003 的重点和核心，构成了 Word 2003 的基本骨架。学好本节内容是熟练运用 Word 2003 的基础和前提。

4.11 思考与练习

1. 填空题

（1）段落缩进是指段落的（ ）、（ ）和段落的（ ）等。

（2）Word 文档提供了（ ）、（ ）、右对齐、（ ）和（ ）5 种段落对齐方式。

（3）表格是由（ ）和（ ）的单元格组成的，通常用来组织和显示信息。

2. 选择题

（1）通过单击"格式"工具栏中的（ ）按钮，可以将选择的文字设置为添加边框或取消边框。

    A. A   B. B   C. I   D. U

（2）在"字体"对话框中的（ ）选项卡中，可以对字符间距、字符缩放比例和字符位置等进行调整。

    A. 字体   B. 字符间距   C. 文字效果   D. 中文版式

3. 上机操作题

（1）利用本章所学内容为文档添加边框和底纹。

（2）在文档中插入表格。

（3）在文档中插入图片。

第5讲 Word 办公高级应用

▶ **本讲要点**

- 创建和应用样式的方法、创建和修改目录以及创建和使用模板的方法。
- 打印 Word 文档的格式设置方法。

▶ **快速导读**

本讲系统介绍了 Word 2003 的办公高级应用，包括创建和使用样式、目录、模板等，还介绍了打印文档时常见的格式设置方法。

5.1   创建和应用样式

样式是被命名并保存的特定格式的集合，它规定了文档中正文和段落等的格式。Word 2003 提供的样式有两种类型，即段落样式和字符样式。其中，段落样式应用于整篇文档，包括字体、行间距、对齐方式、缩进格式等。而字符样式应用于文字，包括字体、字体大小等。样式功能是 Word 2003 最强大的功能之一，一个好的样式可以简化操作，使整个文档保持格式的统一，使整个页面更整齐、美观。

5.1.1   创建样式

Word 2003 提供了一些标准样式，这些标准样式可以满足一般文档的格式化需要。如果用户用到一些特殊格式的文档，就需要创建新的样式。

创建新样式的步骤如下。

❶ 打开《计算机软件专业剖析材料》文档，移动鼠标到要设置样式的文本的任何位置，如图 5.1 所示。

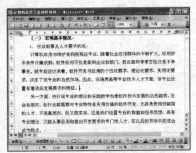

图 5.1   《计算机软件专业剖析材料》

❷ 选择菜单栏中的【格式】→【样式和格式】命令，窗口右侧显示【样式和格式】任务窗口，如图 5.2 所示。

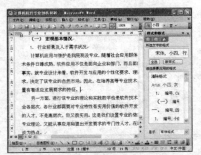

图 5.2   【样式和格式】任务窗口

❸ 单击【样式和格式】任务窗口中的新样式按钮 新样式... ，打开【新建样式】对话框，如图 5.3 所示。

图 5.3   【新建样式】对话框

❹ 在【新建样式】对话框【属性】选区中的【名称】文本框中输入新样式的名字，在【样式类型】下拉列表框中选择样式的类型，在【样式基于】下拉列表框中选择一个可以作为创建基准的样式，在【后续段落样式】下拉列表框中选择一个决定下一段落的样式。

> **┃ 提 示 ┃**
>
> 【后续段落样式】仅适用于段落样式。

❺ 在【格式】选区可以对字符进行简单

的设置，例如设置字符的字体、字号、对齐方式等。若想对段落格式进行设置，可以单击【新建样式】对话框左下角的格式按钮  ，在打开的【格式】下拉列表框中选择【段落】选项。如图 5.4 所示。

图 5.4 【格式】下拉列表

在打开的【段落】对话框中对段落的"缩进和间距"等属性进行设置，如图 5.5 所示。

图 5.5 【段落】对话框

❻ 设置好各项属性后，在【新建样式】对话框中单击 确定 按钮，此

时新建的样式就显示在【样式和格式】任务窗口中，如图 5.6 所示。

图 5.6 【样式和格式】任务窗口

❼ 在【样式和格式】任务窗口中单击要设置的样式名称，例如单击"样式 2"，该样式就会运用到文档中选中的段落，如图 5.7 所示。

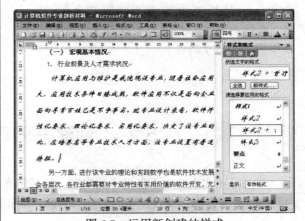

图 5.7 运用新创建的样式

提 示

若想将新创建的样式添加到模板中，只需在【新建样式】对话框中选中【添加到模板】复选框即可，否则该样式只能运用于当前文档。

5.1.2 修改样式

Word 2003 中有多种修改样式的方法。比如可以将其他模板中的全部或部分样式复制到当前文档或模板中；或对当前文档或模板重新套用某个模板中的样式；还可以直接修改已经存在的样式。具体操作步骤如下。

❶ 打开素材中的《计算机软件专业剖析材料》文档，选择菜单栏中的【格式】→【样式和格式】命令，打开文档的【样式和格式】任务窗口，如图 5.8 所示。

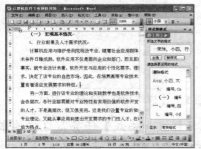

图 5.8 【样式和格式】任务窗口

❷ 将鼠标放置到需要修改的样式名称上，然后单击其右侧的下三角按钮，在弹出的下拉列表框中选择【修改】命令，如图 5.9 所示。

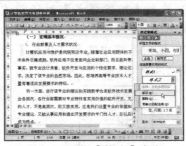

图 5.9 选择【修改】命令

❸ 打开【修改样式】对话框，根据需要重新设置样式的各种属性，设置完后单击 确定 按钮即可。如图 5.10 所示。

图 5.10 【修改样式】对话框

5.2 创建并修改目录

目录是正式书刊中不可缺少的内容。目录包含书中的各级标题及每个标题的页码，读者通过页码可以很容易地查找到所需阅读的内容。本节就为大家详细介绍创建和修改目录的方法。

1. 创建目录

Word 2003 具有自动编制目录的功能，具体操作步骤如下。

❶ 打开文档，将鼠标移动到需要建立目录的地方，通常是文档的开始。如图 5.11 所示。

图 5.11 打开文档

❷ 选择【插入】→【引用】→【索引和目录】命令，在打开的【索引和目录】对话框中选择【目录】选项卡，如图 5.12 所示。

图 5.12　【索引和目录】对话框

❸ 在【格式】下拉列表框中选择一种目录格式，选择的目录格式会显示在【打印预览】框中。在【显示级别】微调框中选择目录将要显示的标题级别，例如选择"3"，那么目录中就会显示"标题 1"，"标题 2"，"标题 3" 3 个级别的标题。若想在目录中显示页码，就选中【显示页码】复选框，若想要让页码右对齐，就选中【页码右对齐】复选框。如图 5.13 所示。

图 5.13　确定目录格式及属性

❹ 设置完毕后单击 ▭确定▭ 按钮，Word 2003 就会在指定的位置插入目录，如图 5.14 所示。

图 5.14　插入目录后的效果

> **提 示**
>
> 用户在文档中插入目录后，若想快速查阅某部分内容，可以按住 Ctrl 键，然后单击目录中的页码，此时 Word 2003 就会跳转到该页码对应的标题处。

2. 修改目录

在文档中插入目录后，就可以对其进行各种编辑了。如果用户对目录的格式不满意，还可以重新修改该目录，具体操作步骤如下。

❶ 选择【插入】→【引用】→【索引和目录】命令，打开【目录】选项卡，如图 5.15 所示。

图 5.15　【索引和目录】对话框

❷ 从【格式】下拉列表框中选择"来自模板"格式，然后单击修改按钮 ▭修改(M)...▭，打开【样式】对话框，如图 5.16 所示。

图 5.16　【样式】对话框

❸ 在【样式】列表框中选择要修改的样式，然后单击 修改(M)... 按钮，打开【修改样式】对话框，如图 5.17 所示。

图 5.17 【修改样式】对话框

❹ 在【修改样式】对话框中修改目录的格式，然后单击 确定 按钮，返回【样式】对话框，再单击 确定 按钮，返回【索引和目录】对话框。再单击 确定 按钮，系统会弹出一个是否替换目录的信息提示框，如图 5.18 所示。

图 5.18 信息提示框

❺ 单击 是(Y) 按钮，完成对文档目录的修改。

5.3 创建和使用模板

模板就是某种文档的样式和模型，每个文档都是基于模板建立的。用户在打开 Word 2003 时就启动了模板，该模板是 Word 2003 提供的普通模板，即 Normal 模板。用户可以根据 Word 2003 提供的预定义模板快速建立文档，从而节省时间，提高效率。

5.3.1 创建模板

如果用户对预定义的普通模板不满意，就可以利用某个文档创建一个新模板。当然，创建新模板的前提是该文档已经是排好版的文档，包含设置好的格式以及标题样式等。具体操作如下。

❶ 打开需要设为模板的文档，选择【文件】→【另存为】命令，打开【另存为】对话框，如图 5.19 所示。

图 5.19 【另存为】对话框

❷ 在【另存为】对话框的【保存类型】列表框中选择"文档模板"选项。

如图 5.20 所示。

图 5.20 设置文档的保存类型

❸ 在【文件名】文本框中输入要保存模板的名称，例如"论文"。单击 保存(S) 按钮，将新模板保存到系统中。

5.3.2　使用模板

创建模板是为了将同一模板应用到需要使用同一格式的文本或段落，加快排版速度，保持格式一致性。假设现在已经定制好了一个模板，在文档中使用该模板的具体操作如下。

❶ 打开文档，选择【工具】→【模板及加载项】命令，打开【模板和加载项】对话框。如图 5.21 所示。

图 5.21　【模板和加载项】对话框

❷ 选中【自动更新文档样式】复选框，然后单击 选用(A)... 按钮，打开【选

用模板】对话框，如图 5.22 所示。

图 5.22　【选用模板】对话框

❸ 在该对话框中选择一种模板，例如选择"文档模块"，单击 打开(O) 按钮，返回到【模板和加载项】对话框，单击 确定 按钮，将此模板应用到文档中。

5.4　设置页面

页面设置是打印文档前必做的工作，包括纸张大小、页边距、纸张来源和版面设置等内容。用户可以使用默认的页面设置，也可以根据自己的需要重新设置页面。在详细讲解页面设置之前，我们先来学习在文档中插入页眉页脚的方法。

5.4.1　设置页眉页脚

页眉和页脚分别位于每页的顶部或底部，可以插入页码、日期等文字或图标。文档中可以自始至终使用同一个页眉和页脚，也可在文档的不同部分使用不同的页眉和页脚，例如对奇数页和偶数页可以设置不同的页眉和页脚。

在文档中插入页眉和页脚的具体操作步骤如下。

❶ 打开文档，选择【视图】→【页眉和页脚】命令，此时文档中会显示页眉和页脚的编辑区，如图 5.23 所示。

图 5.23　打开页眉编辑区

❷ 单击【页眉和页脚】工具栏中的【插入"自动图文集"】按钮 插入"自动图文集"(S)▾，在弹出的下拉菜单中选择插入页眉的内容，例如选择"文件名"，此时，该文档的名字就被插入到页眉中。如图 5.24 所示。

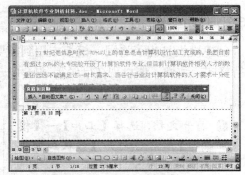
图 5.25　插入页脚

❹ 操作完成后，单击【页眉和页脚】工具栏上的关闭按钮 关闭(C)，文档就返回原来的视图模式，如图 5.26 所示。

图 5.24　插入页眉

❸ 单击"在页眉和页脚间切换"按钮，从文档的页眉编辑区转移到文档的页脚编辑区。单击【插入"自动图文集"】按钮 插入"自动图文集"(S)▾，在弹出的下拉菜单中选择插入页脚的内容，例如选择"第 X 页 共 Y 页"选项，如图 5.25 所示。

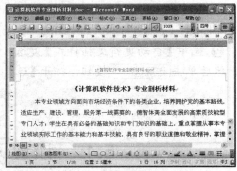
图 5.26　返回视图模式

在插入页眉和页脚的同时，我们还可以对其进行各种设置，例如设置奇数页和偶数页的页眉和页脚不同。具体的操作步骤如下。

❶ 打开文档，选择【视图】→【页眉和页脚】命令，显示【页眉和页脚】工具栏以及页眉和页脚的编辑区。如图 5.27 所示。

图 5.27　显示页眉

❷ 单击【页眉和页脚】工具栏中的页面设置按钮，打开【页面设置】对话框，如图 5.28 所示。

图 5.28　【页面设置】对话框

❸ 选择【页面设置】对话框中的【版式】选项卡，并选中【奇偶页不同】复选框，如图 5.29 所示。

❹ 单击 ［确定］，完成页眉和页脚的设置。此时再按照插入页眉页脚的方法输入奇数页和偶数页的页眉和页脚内容即可。

图 5.29　【版式】选项卡

5.4.2　设置页面格式

设置页面格式既可以在输入文本之前，也可以在输入过程中，还可以在输入文本之后，它是打印文档前必做的工作。

1. 设置纸张的大小和方向

Word 2003 默认的文档是"纵向"排列的，用户可以根据需要调整纸张的大小和方向，操作步骤如下。

❶ 打开文档，选择【文件】→【页面设置】命令，打开【页面设置】对话框，如图 5.30 所示。

图 5.31　更改纸张方向

❸ 打开【纸张选项卡】，设置纸张大小、纸张来源以及应用范围等属性，设置完毕后单击 ［确定］ 按钮即可，如图 5.32 所示。

图 5.30　【页面设置】对话框

❷ 在【页面设置】对话框的【页边距】选项卡中选择更改纸张方向，例如选择"横向"，单击 ［确定］ 按钮即可。如图 5.31 所示。

图 5.32　【纸张】选项卡

2. 调整页边距

设置页边距，包括调整上、下、左、右边距以及页眉和页脚距页边界的距离等，设置页边距的方法十分精确，具体操作步骤如下。

❶ 选中要调整页边距的文档或段落，然后选择【文件】→【页面设置】命令，打开【页面设置】对话框，选择【页边距】选项卡。如图 5.33 所示。

❷ 在【页边距】选项卡中分别设置"上"、"下"、"左"、"右"的页边距数值，单击 确定 按钮即可。如图 5.34 所示。

图 5.33 【页边距】选项卡

图 5.34 设置页边距

| 提 示 |

如果打印的文档要装订成册，还可以设置装订线。具体操作是在【装订线位置】选项区选择装订线位置，然后在【装订线】框中设置装订线的宽度。

5.5 打印 Word 文档

输入完毕后，我们经常将输入内容打印出来。在 Word 中，如果打印文档内容，还会将文档的相关连同文件（如文档属性、批注、隐藏文字等）一起打印出来。

5.5.1 打印预览

打印预览让用户通过预览形式观察打印效果。在打印文档前，我们经常会先对打印内容进行预览，对文档进行整体观察，避免打印后发现错误。Word 中文版的打印预览可以让用户在打印之前看到真实的打印效果，还能让用户在预览中对文档进行错误修改，不需要再切换到普通模式下进行操作。

使用打印预览功能的具体步骤是：打开文档"计算机软件专业剖析材料.doc"文件，在菜单选项中单击【文件】→【打印预览】命令，进入打印预览窗口，如图 5.35 所示。

另外，用户可以通过【打印预览】工具内的【放大镜】按钮调整预览页面显示比例，也可以通过工具栏中的【文档比例设置框】中的比例调整显示的文档比例。如图 5.36 所示。

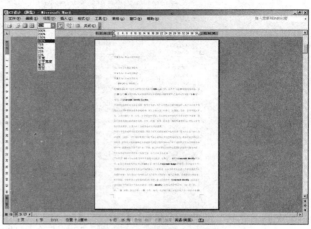

图 5.35　打印预览窗口　　　　　　　　　　　图 5.36　文档比例设置

如果要在一个界面内同时显示多页文档，就需要单击【打印预览】工具中的【多页显示按钮 】，并在下拉列表内按住鼠标至用户想选择的内容页数，然后松开鼠标，预览页面中就会出现所选择页面的显示效果。如图 5.37 所示。

图 5.37　显示多页内容

预览内容完毕后，在【打印预览】工具栏的【关闭】按钮上单击鼠标即可。

在 Word 中，打印的方式有多种，既可以在指定的范围内打印文档，又可以打印多份、多篇文档以及双面打印等。

5.5.2　打印文档

有的时候，用户可能只想打印文档中的某个图或表格，或只想打印某几页的内容，而不想打印整篇文档。这就需要在【打印】窗口中设置打印文档。

将需要打印的内容进行格式调整后，单击工具栏内的打印按钮 或单击工具栏内文件菜单中的打印工具来进行打印。如图 5.38 所示。

在【页面范围】选项中选择【所选内容】单选项，单击【确定】按钮，即可打印所选文本内容。如图 5.39 所示。

如果用户只打印文本的某一页，就要打开文档并进入打印页面，在【打印窗口】内选择【当前页】选项，将所需的页面打印出来。如图 5.40 所示。

图 5.38　选择【打印命令】

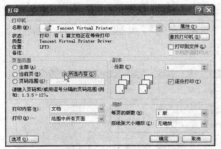

图 5.39　打印窗口

图 5.40　打印【当前页】设置

5.5.3　双面打印

　　一般情况下，我们使用的打印操作是单面的。如果用户要双面打印，需要设置打印机为双面打印。

　　第一种方法是分两次打印。在打印窗口内先设定打印内容文档为奇数页或偶数页，当打印完一类后，再重新放纸，将另一类打印完毕。不过，在第二次打印偶数页时，用户需要用手工调整打印顺序。如图 5.41 所示。

　　第二种方式是使用 Word 中的【手工双面打印】功能。在打印窗口上选择【手工双面打印】，然后选择窗口左下方的【选项】命令，在弹出的对话框中选择【双面打印选项】内的

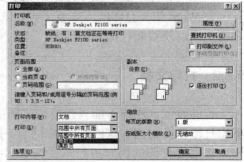

图 5.41　双面打印窗口

【纸张背面】，这样计算机就会自动逆序打印了。如图 5.42 所示。

　　设置完后开始打印，打印完奇数页后会弹出一个窗口，提示将纸重新送入打印机内。如图 5.43 所示。

　　当然，如果打印机本身自带双面打印功能，就可以直接打印。

图 5.42　手工双面打印　　　　　　图 5.43　手工双面打印提示

5.5.4　缩放打印

如果文档的纸型与当前打印机的要求不同，可以使用 Word 提供的【打印机】缩放功能，先让 Word 为文档设置格式，使其符合打印机的纸张尺寸。操作步骤如下：单击【文件】菜单中的【打印】命令，弹出【打印】窗口，在【缩放】下的【按纸型缩放】下拉列表框中选择用户需要使用的纸型，比如选择 A4 纸型，单击 确定 按钮。这时，Word 将调整文档的页面，使其适合所选纸型。这样，原本打印在 A3 纸张上的文档，经过自动缩小字号和图形打印在 A4 纸上。如图 5.44 所示。

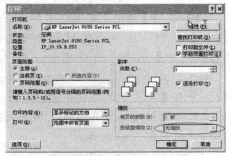

图 5.44　缩放打印设置

5.6　应用实例——制作个人简历

介绍过 Word 2003 的办公高级应用后，用户就可以制作各种各样的文档了。这里详细介绍利用 Word 2003 制作如图 5.45 所示的个人简历的方法。具体操作步骤如下。

图 5.45　个人简历

❶ 打开一个空白的新文档,在首行输入"个人简历",在常用工具栏中单击 ≡ 按钮,设置格式为"居中",设置文本字体为"小初"、"黑体"。如图 5.46 所示。

图 5.46　输入文本,设置格式

❷ 选择【绘图】工具栏中的【自选图形】按钮,在弹出的列表框中选择【星与旗帜】选项中的 ✧ 图形,在"个人简历"文本的前后各插入一个 ✧ 图形,并在【绘图】工具栏中选择 ⬤ ▾,为插入的图形选择填充颜色,例如选择"黄色"。如图 5.47 所示。

图 5.47　插入自选图形

❸ 选择菜单栏中的【插入】→【图片】→【来自文件】命令,插入预选好的图片,如图 5.48 所示。

图 5.48　插入图片

❹ 输入文本"个人基本资料",并在【常用】工具栏中选择字号为"小三",字体为"隶书",如图 5.49 所示。

图 5.49　输入文本

❺ 选择【表格】菜单中的【插入】→【表格】命令,在打开的【插入表格】对话框中选择行数和列数,例如选择"6"列,"2"行。如图 5.50 所示。

图 5.50　插入表格

❻ 在表格中输入"姓名"、"性别"等个人基本信息,如图 5.51 所示。

图 5.51　在表格中输入文本

❼ 按照上面所讲步骤重复插入图片并输入文本内容,如图 5.52 所示。

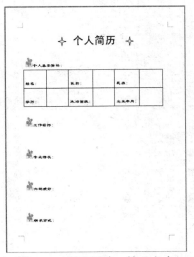

图 5.52 插入图片，输入文本

❽ 选择【视图】→【页眉和页脚】命令，在页眉编辑区输入"天道酬勤"。如图 5.53 所示。

图 5.53 插入页眉

此时个性化十足的个人简历就制作完成。用户可以根据所学知识制作更加新颖、更加实用的个人简历。

5.7 本讲小结

本讲主要介绍了 Word 2003 的办公高级应用，特别是一些能够帮助用户快速创建文档的方法，比如创建样式、模板等。还介绍了打印文档时常用的格式设置方法。

5.8 思考与练习

1. 填空题
（1）模板实际上是（　　），是一类特殊的文档。
（2）在 Word 2003 中，（　　）称为常用模板。
（3）在文档中定制模板是为了（　　）。
（4）样式是被命名并保存的（　　）的集合，它规定了文档中（　　）等的格式。
2. 上机操作题
（1）请为任意一个文档创建目录。
（2）请为任意一个文档设置页眉和页脚。

第6讲 Excel 办公基础

▶ **本讲要点**

- Excel 2003 的工作界面及功能
- Excel 2003 的工作簿和工作表的基本操作
- 数据的输入和填充
- 单元格的基本操作

▶ **快速导读**

　　本讲介绍了 Excel 2003 的工作界面及功能，包括工作簿的新建、保存、打开和关闭操作；工作表的选择、重命名、插入、删除、移动、复制、隐藏和显示操作；单元格的修改、移动、复制、合并、拆分以及删除操作。

6.1　Excel 2003 工作界面简介

Microsoft Excel 2003（以下简称 Excel 2003）是 Microsoft 公司推出的办公套装软件 Office2003 中的一个组件。简单地说，它是一个电子表格软件，可以制作各种电子表格，完成许多复杂的数据运算，进行数据的分析和预测，并且具有强大的制作图表功能。新版 Excel 2003 还增加了网页制作功能。Excel 2003 不仅功能强大，而且易学易用，因此成为最受欢迎的表格制作软件之一。

进入 Excel 2003 工作界面的方法如下。

（1）双击桌面上 Excel 2003 的快捷方式。

（2）选择【开始】→【程序】→【Microsoft Office 2003】→【Microsoft Office Excel 2003】命令，启动 Excel 2003。如图 6.1 所示。

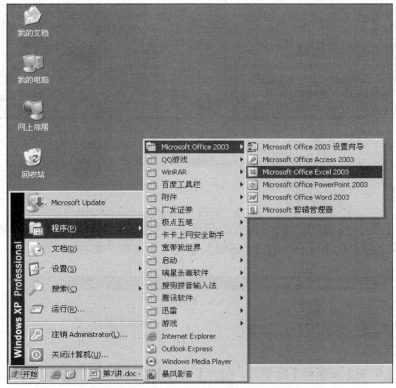

图 6.1　从【开始】菜单启动 Excel 2003

用上述任一种方法启动 Excel 2003 中文版后，将进入 Excel 2003 的工作界面。如图 6.2 所示。

Excel 和 Word 同属 Office 套件，它们有很多相似之处，因此学习 Excel 时要注意结合以前 Word 中已学过的知识。Excel 2003 的工作界面主要包括以下组成部分：【标题栏】、【菜单栏】、【常用工具栏】、【格式工具栏】、【编辑栏】、【任务窗格】、【工作表格区】、【状态栏】和【工作表标签】等。

图 6.2　Excel 2003 的工作界面

1．标题栏

【标题栏】位于 Excel 窗口的最上方，包含 Excel 控制菜单图标、程序的名称、所编辑的文档名以及【最小化】、【最大化】（还原）、【关闭】按钮。如图 6.3 所示。

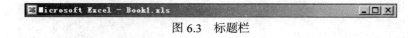

图 6.3　标题栏

2．菜单栏

【菜单栏】位于【标题栏】的下方，包含【文件】、【编辑】、【视图】和【帮助】等菜单。通过选择菜单中的命令及各种选项，可以给 Excel 发出相应的指令，实现各种功能。如图 6.4 所示。

图 6.4　菜单栏

【菜单栏】的使用有以下两种方式。

■ 用鼠标选择菜单。将鼠标指针移到相应的菜单上单击，显示下拉菜单，选择其中所需的命令即可。例如将鼠标指针移到【编辑】菜单上单击，此时就显示其下拉菜单，再选择【复制】命令，即可完成复制操作，如图 6.5 所示。如果想关闭下拉菜单，只要再选择菜单名或【工作表格区】任意位置即可。

图 6.5　用鼠标打开下拉菜单

| 提 示 |

　　用鼠标分别选择【文件】、【编辑】、【视图】、【插入】、【格式】、【数据】菜单，便可了解其下拉菜单的各个命令。

■　用键盘选择菜单。每项菜单名称后面均有一个英文字母，用键盘选取时，按 Alt 键+菜单后面的英文字母，即可打开该下拉菜单。

| 练一练 |

　　用键盘分别打开【文件】、【编辑】、【视图】、【插入】、【格式】、【数据】下拉菜单。

　　如果要选择下拉菜单中的命令，则可按 Ctrl 键+相应的英文字母，或用方向键+Enter 键来选取。如果想关闭下拉菜单，只要按 Esc 键即可。

　　除了用【菜单栏】外，还可以通过"快捷菜单"打开菜单。当单击右键时，当前鼠标指针处弹出"快捷菜单"。在窗口的不同位置单击右键，便可显示不同的"快捷菜单"。图 6.6 所示为在任何【工具栏】上右键单击所显示的"快捷菜单"，图 6.7 所示为在【工作表格区】上单击右键所显示的"快捷菜单"。其中包含了一些较常用的命令，效果和在【菜单栏】中选取完全一样。

图 6.6 【工具栏】的快捷菜单　　　　图 6.7 【工作表格区】的快捷菜单

3. 常用工具栏

【常用工具栏】位于【菜单栏】的下方，是 Excel 编辑过程中最常用的工具集，如图 6.8 所示。

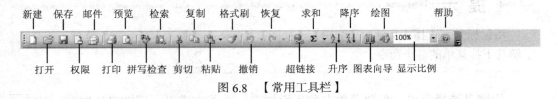

图 6.8 【常用工具栏】

【工具栏】中的每个小图标对应一种操作。选择该图标就执行相应的操作，使操作更简单化。例如选择【打开】图标，便会弹出【打开】对话框，如图 6.9 所示，可以在该对话框中选择一个 Excel 文件并将其打开。

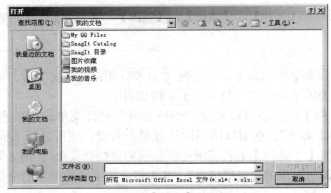

图 6.9 【打开】对话框

提 示

通过【常用工具栏】选择命令的效果和通过【菜单栏】中选择命令的效果完全一样，并且更方便。

练一练

用键盘选择【文件】下拉菜单中的 打开(O)... Ctrl+O 命令，将会出现如图 6.9 所示的【打开】对话框。

4. 格式工具栏

【格式工具栏】设置字体、字号、货币、百分比和小数点等格式，如图 6.10 所示。

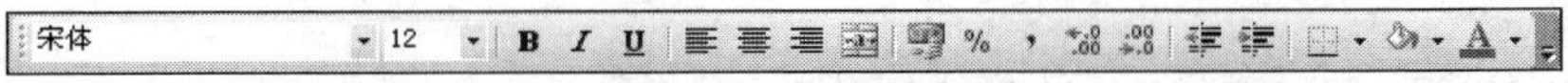

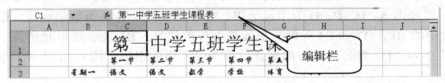

图 6.10　格式工具栏

5. 编辑栏

【编辑栏】用于显示当前单元格中的内容，也可以编辑该单元格中的数据或公式。如图 6.11 所示，当前活动单元格为 C1，内容为“第一中学五班学生课程表”。

图 6.11　编辑栏

6. 工作表格区

用于编辑数据的区域，所有数据都在此编辑，如图 6.12 所示。

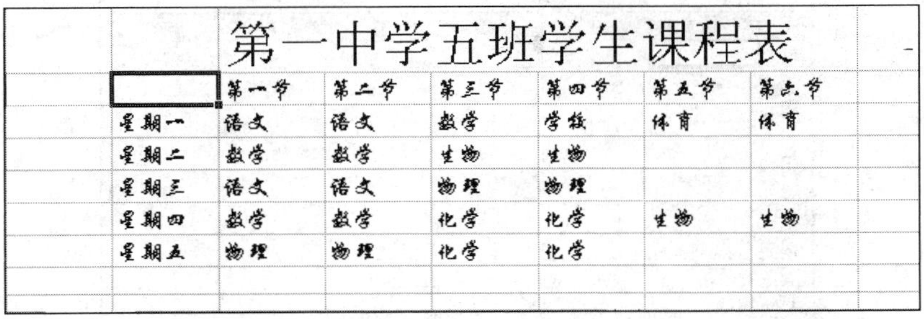

		第一中学五班学生课程表						
		第一节	第二节	第三节	第四节	第五节	第六节	
	星期一	语文	语文	数学	学校	体育	体育	
	星期二	数学	数学	生物	生物			
	星期三	语文	语文	物理	物理			
	星期四	数学	数学	化学	化学	生物	生物	
	星期五	物理	物理	化学	化学			

图 6.12　工作表格区

7. 工作表标签

用于显示工作表的名称。选择【工作表标签】将激活相应的工作表，如图 6.13 所示。

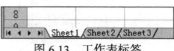

图 6.13　工作表标签

8.　状态栏

【状态栏】位于窗口最下方的信息栏，提供有关选择命令或操作进程的信息，如图 6.14 所示。

就绪	数字

图 6.14　状态栏

6.2　工作簿、工作表和单元格的关系

Excel 2003 是一个电子报表的专业软件，常用于处理大量的数据信息，并能够快速制定表格。作为电子表格软件，Excel 有其特定的概念、术语和操作方法。本节内容将是学习 Excel 的基础。

6.2.1　工作簿、工作表和单元格简介

工作簿是 Excel 中的一个基本概念，Excel 的文件就称为工作簿，是用来处理和存储数据的文件。在 Excel 中，用户的所有操作都是在工作簿中进行的，如图 6.15 所示。

每个工作簿都包含多个工作表，每个工作表由行和列构成，共有 65536 行和 256 列，行和列相交形成的框称为单元格。单元格的名称由它所处的列号加行号组成，如 A1、C2。列号用 A、B、C、D 等字母标识，行号用 1、2、3、4 等数字标识。如图 6.15 所示，表中的 B8、D7 和 E4 等就是单元格对应的位置。D7 表示该单元格位于工作表第 7 行第 D 列。D7 就是单元格的地址，称为单元格的引用。图 6.16 显示了单元格的相关概念。

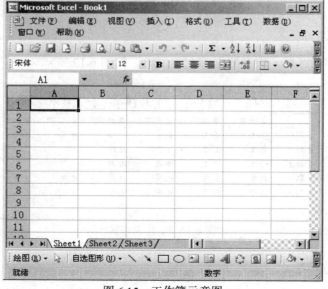

图 6.15　工作簿示意图

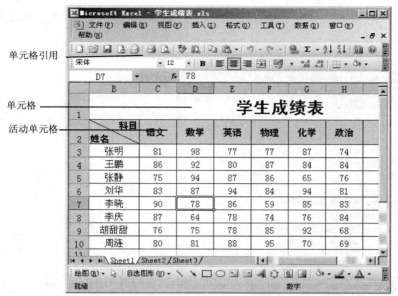

单元格引用

单元格

活动单元格

图 6.16　单元格

6.2.2　工作簿、工作表和单元格的关系

一个工作簿最多可以包含 255 张工作表。默认情况下，一个工作簿包含 3 个工作表，分别为 Sheet1、Sheet2 和 Sheet3，一个工作表又由多个单元格组成，一组单元格叫做区域，用冒号隔开来指定区域。

A1：B1	在同一行中的两个单元格
A1：A70	A 列的 70 个单元格
A1：D4	16 个单元格（4 行 4 列）
C1：C65536	整个一列单元格，也可表示为 C：C
A6：IV6	整个一行单元格，也可表示为 6：6
A1：IV65536	工作表中的全部单元格

工作表中总有一个单元格是活动单元格，活动单元格由黑色边框包围着，而且它的引用会显示在名称框中。如图 6.16 所示，D7 即为活动单元格。用鼠标单击某个单元格，它就成为活动单元格。

6.3　工作簿的基本操作

本节详细介绍 Excel 工作簿的基本操作。

6.3.1　新建工作簿

新建工作簿的步骤如下。

选择【文件】→【新建】命令，如图 6.17 所示。在工作区的右边出现【新建工作簿】的任务窗格，如图 6.18 所示。

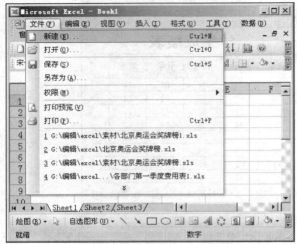

图 6.17 【新建】工作簿　　　　　　　　　　图 6.18 【新建工作簿】的任务窗格

新建工作簿又有以下 3 种情况：

- 选择【空白工作簿】，即可创建一个空白的工作簿。
- 选择【根据现有工作簿新建】，会弹出如图 6.19 所示的对话框。

图 6.19 【根据现有工作簿新建】对话框

从中选择所需要的文件，然后单击　创建(C)　按钮即可。

- 基于模板创建工作簿。单击【本机上的模板】，会弹出如图 6.20 所示的对话框。

从中选择【工作簿】，然后单击　确定　按钮即可。也可以从【电子方案表格】选项卡中选择所需要的表格模板。

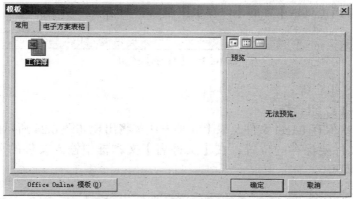

图 6.20 【模板】对话框

另外，也可以单击【常用工具栏】中的【新建】按钮，如图 6.21 所示，或按 Ctrl + N 组合键，快速创建一个工作簿。

图 6.21 【新建】按钮

| 练一练 |

新建两个工作表，分别为"Sheet4"和"Sheet5"。

6.3.2 保存工作簿

为了避免因断电等意外而造成文档的丢失，应该养成时刻保存文档的良好习惯。

保存工作簿的操作非常简单，可以通过下面几种方法实现：

- 选择【文件】→【保存】命令，如图 6.22 所示。

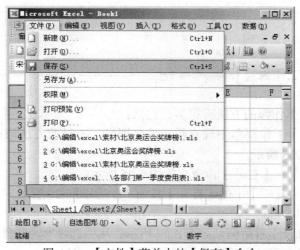

图 6.22 【文件】菜单中的【保存】命令

■ 单击【常用工具栏】中的【保存】按钮■，如图 6.23 所示。

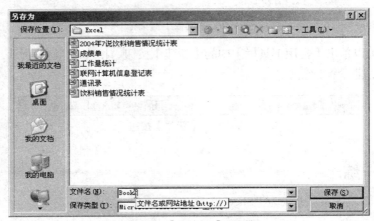

图 6.23 【保存】按钮

■ 按 Ctrl + S 组合键。

■ 按 Shift + F12 组合键。

如果是第一次保存 Excel 文件，以上 4 种方法都将出现如图 6.24 所示的【另存为】对话框。先选择文件要保存的位置，在【文件名】文本框中输入文件的名称，然后单击 保存(S) 按钮即可。

图 6.24 【另存为】对话框

提 示

工作簿文件的扩展名是.xls。

练一练

将所创建的工作表保存在 D 盘，以"我的表格.xls"来命名。

6.3.3 打开与关闭工作簿

打开已有 Excel 工作簿的方法有很多，包括：

■ 选择【文件】下拉菜单中现有的文件名即可。不过此方法只适用于打开最近使用过的工作簿，如图 6.25 所示。

■ 选择【文件】→【打开】命令，如图 6.25 所示。

■ 单击【常用工具栏】中的【打开】按钮，如图 6.26 所示。

■ 按 Ctrl + O 组合键。

随即会出现【打开】对话框，如图 6.27 所示，从中选择所需文件即可。

关闭工作簿有以下两种方法。

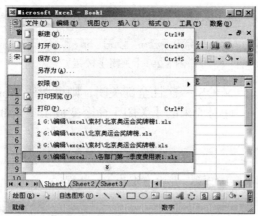

图 6.25 【文件】下拉菜单

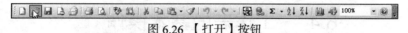

图 6.26 【打开】按钮

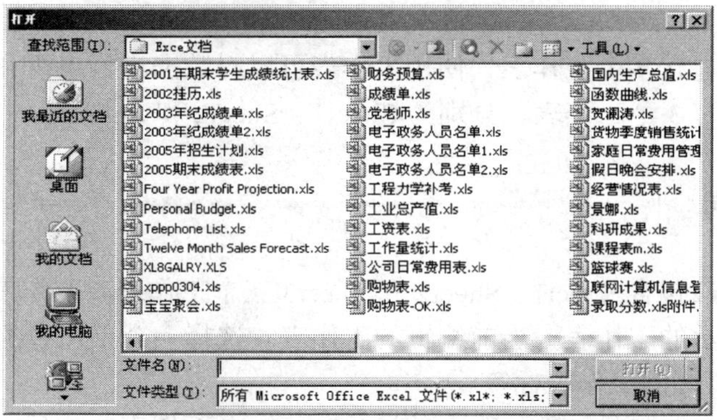

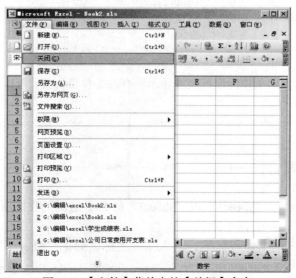

图 6.27 【打开】对话框

■　选择【文件】→【关闭】命令，如图 6.28 所示。

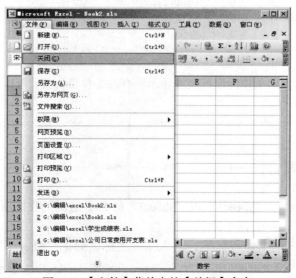

图 6.28 【文件】菜单中的【关闭】命令

■ 单击【菜单栏】中的【关闭】按钮 ⊠ ，如图 6.29 所示。

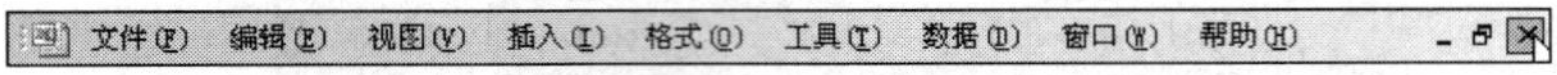

图 文件(F) 编辑(E) 视图(V) 插入(I) 格式(O) 工具(T) 数据(D) 窗口(W) 帮助(H) ‗ ♂ ⊠

图 6.29 【关闭】按钮

如果打开了多个窗口，又希望一次性全部关闭，则可按住 Shift 键的同时再选择【文件】→【全部关闭】命令，此时原来的【关闭】命令变成了【全部关闭】命令。

┤ 提 示 ├

以上方法只是关闭了工作簿，并没有退出 Excel 程序。

6.4 工作表的基本操作

每个工作簿都包含多个工作表，使用工作表可以对数据进行组织和分析。在默认情况下，一个工作簿中有 3 个工作表，分别为 Sheet1、Sheet2 和 Sheet3。

6.4.1 选择工作表

一个工作簿一般包含 Sheet1、Sheet2 和 Sheet3 三个工作表。工作表标签位于工作簿的底部，其中高亮显示的工作表为当前编辑的工作表。选择一个工作表的方法有以下 3 种。

■ 单击想要打开的工作表标签。

■ 按 Ctrl+PageUp 组合键，激活当前页的前一页工作表；相反，按 Ctrl+PageDown 组合键，激活当前页的后一页工作表。

■ 右键单击【标签滚动】按钮 |◀ ◀ ▶ ▶| ，在弹出的工作表列表中选择工作表，如图 6.30 所示。

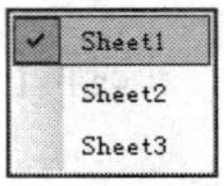

图 6.30 工作表列表

┤ 提 示 ├

当工作表较多时，工作簿底部没能显示所有的工作表标签，可以使用标签滚动按钮 |◀ ◀ ▶ ▶| 。

6.4.2 重命名工作表

工作表的"Sheet1"、"Sheet2"和"Sheet3"命名不易识记我们可以给每个工作表起个具有代表意义的名字。方法有 3 种。

■ 双击要重命名的工作表标签，输入新的名称，如把"Sheet1"改为"成绩表"。如图 6.31 所示。

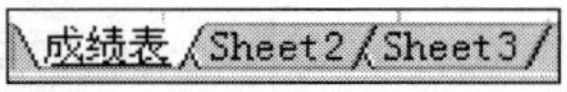

■ 选择要重命名的工作表标签，选择【格式】→【工作

成绩表 Sheet2 Sheet3

图 6.31 重命名工作表

表】→【重命名】命令，输入新名称。如图 6.32 所示。

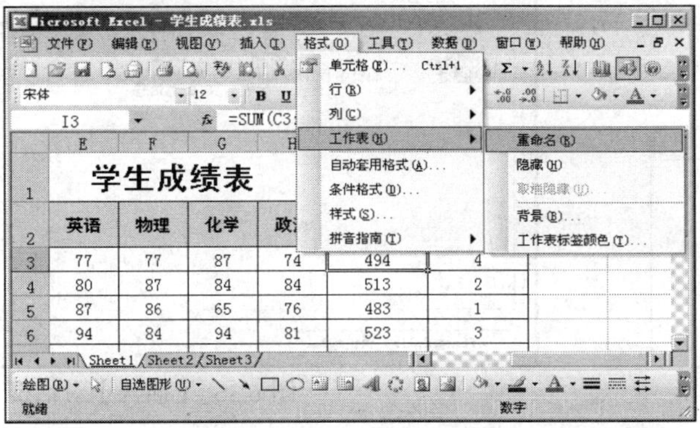

图 6.32　通过菜单重命名

■　在要重命名的工作表标签上单击右键，在弹出的快捷菜单中选择【重命名】命令，如图 6.33 所示，输入新名称即可。

图 6.33　通过快捷菜单重命名

6.4.3　插入工作表

在工作簿中插入一个新的工作表的步骤如下。

❶ 选择任意一个【工作表标签】，即选定该工作表。

❷ 选择【插入】→【工作表】命令，如图 6.34 所示，插入新的工作表。

图 6.34　插入【工作表】

也可以通过快捷菜单方式插入工作表，步骤如下。

在【工作表标签】上单击右键，出现如图 6.35 所示的快捷菜单，选择其中的【插入】命令。在【插入】对话框中，选中【常用】选项卡的【工作表】图标，如图 6.36 所示。最后单击 确定 按钮，新的工作表插入成功。

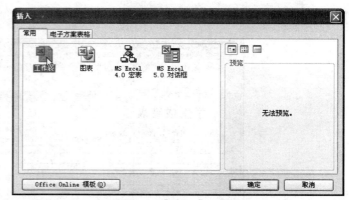

图 6.35　快捷菜单　　　　　　　　　　　图 6.36　【插入】对话框

提 示

新插入的工作表将插到选中的工作表前面。

6.4.4　删除工作表

删除工作表的步骤如下。

❶ 选中待删除的【工作表标签】。

❷ 选择【编辑】→【删除工作表】命令，如图 6.37 所示，即可删除工作表。

图 6.37　【删除工作表】命令

同样，也可以用快捷菜单方式删除工作表，步骤如下。

在待删除的【工作表标签】上单击右键，出现如图 6.35 所示的快捷菜单，选择其中的【删除】命令，即可删除工作表。

6.4.5　移动或复制工作表

用户在一个或多个工作簿中移动或复制工作表，可以使用菜单和鼠标操作两种方法。

1. 使用菜单移动或复制工作表

❶ 选择要移动或复制的工作表。

❷ 选择【编辑】→【移动或复制工作表】命令，如图 6.38 所示，弹出【移动或复制工作表】对话框，如图 6.39 所示。

图 6.38　【移动或复制工作表】命令

图 6.39　【移动或复制工作表】对话框

❸ 在对话框中选择要移动的工作簿和工作表想插入的位置，即可实现移动操作。选择【建立副本】复选项即可实现复制操作。

❹ 单击 确定 按钮。

2. 使用鼠标移动或复制工作表

选择需要移动的工作表标签，将它拖到希望插入的位置松手即可。拖动鼠标前按住 Ctrl 键即可复制工作表。

| 提　示 |

若要在多个工作簿中移动工作表，这些工作簿必须都是打开的。

6.4.6　隐藏或显示工作表

如果用户不希望别人查看某些工作表，可以把这些工作表隐藏起来。

❶ 选择要隐藏的工作表。

❷ 选择【格式】→【工作表】→【隐藏】命令，如图 6.40 所示。

图 6.40　【隐藏】工作表

> ## 提 示
>
> Excel 不允许隐藏一个工作簿中的所有工作表。

重新显示工作表的步骤如下。

❶ 选择【格式】→【工作表】→【取消隐藏】命令，弹出【取消隐藏】对话框，如图 6.41 所示。

❷ 选择要取消隐藏的工作表。

❸ 选择 确定 按钮。

图 6.41 【取消隐藏】对话框

6.5 输入和填充数据

单元格中的数据有文本、数字、逻辑值和出错值四种类型。其中文本包括任何字母、数字和键盘符号的组合；数字可用逗号、科学计数法或某种格式表示；单元格中可以输入"True"和"False"这 2 个逻辑值，在使用公式时，单元格中可显示出错值。

6.5.1 输入数据

1. 中英文字符的输入

下面举例说明中英文的输入。

❶ 选择 A1 单元格。

❷ 选择一种中文输入法，输入"奥运"，如图 6.42 所示。

❸ 切换到英文状态下，输入"Beijing"，如图 6.43 所示。

❹ 按 Enter 键即可。

图 6.42 中文输入

图 6.43 英文输入

2. 日期和时间的输入

输入日期时用左斜线或短线分隔日期中的年、月、日。例如可以输入 "2008/8/8" 或者 "2008-5-12"；如果要输入当前日期，可按 Ctrl + ; （分号）组合键，结果如图 6.44 所示。

在输入时间时，如果按 12 小时制，则需要在时间的后面空一格再输入字母 a（上午）或 p（下午）。例如输入 "10：30a"，按 Enter 键后的时间结果是 10：30AM，如图 6.45 和图 6.46 所示。

图 6.44　输入日期　　　　图 6.45　输入 "10：30a"　　　　图 6.46　按 Enter 键后的效果

如果只输入时间数字，Excel 将按 AM（上午）处理。如果要输入当前的时间，按 Ctrl + Shift + :（冒号）组合键即可。

3. 公式的输入

在单元格中输入公式时，一定要先输入一个等号 "="，然后再输入公式的内容，按 Enter 键，结果就会显示出来。例如 A1 单元格为 "5"，B1 单元格为 "20"，在 C1 单元格中计算 "5*20" 的值。采用公式输入法，步骤是：选择 C1 单元格，输入 "=A1*B1"，如图 6.47 所示，按 Enter 键后结果如图 6.48 所示。

 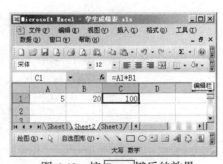

图 6.47　计算 "5*20"　　　　　　图 6.48　按 Enter 键后的效果

6.5.2　快速填充数据

Excel 2003 中文版具有自动填充功能，可以在多个单元格中填充相同的数据，也可以按照一定的序列，根据已有的数据自动填充数据，加快输入数据的速度。

1. 填充相同的数据

（1）利用鼠标拖动填充。

例如：在 A1 单元格中输入数据 "10001"，将鼠标移至该单元格右下角的填充句柄（即为黑点）上，此时箭头变成黑十字状 **+**，如图 6.49 所示。直接向下拖动至目标单元格，松手即可。效果如图 6.50 所示。

图 6.49　利用鼠标拖动

图 6.50　填充后的效果

（2）利用菜单填充。

例如：在 A1 单元格中输入数据"10001"，首先选中该单元格以及下方需要填充的区域，然后选择【编辑】→【填充】→【向下填充】命令，如图 6.51 所示。效果如图 6.50 所示。

（3）利用快捷菜单填充。

例如：在 A1 单元格中输入数据"10001"，右键拖动填充句柄至目标位置松手，这时会弹出快捷菜单，如图 6.52 所示，选择【复制单元格】命令即可。

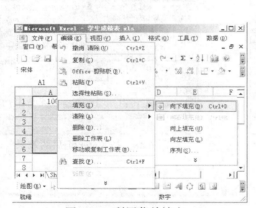

图 6.51　利用菜单填充

图 6.52　利用快捷菜单填充

> **练一练**
>
> 在单元格 A1～D1 中自动填充"100"。

2．按一定规律填充数据

方法与填充相同数据类似。

（1）利用鼠标拖动填充。

例如：在 A1、A2 单元格中分别输入"1"和"2"，选择单元格 A1、A2 后，将鼠标移至右下角的填充句柄（即为黑点）上，此时箭头变成黑十字状 **+**，如图 6.53 所示，直接向下拖动至目标单元格，松手即可。效果如图 6.54 所示。

（2）利用菜单填充。

从 A1 开始沿列方向分别填入 5、10、15、20、25 这样一组等差序列，步骤如下。

在 A1 单元格中输入数据"5"，选择【编辑】→【填充】→【序列】命令，如图 6.55 所示。弹出【序列】对话框，选择或填入相关信息，如图 6.56 所示，最后单击 确定 按钮即可。效果如图 6.57 所示。

图 6.53　利用鼠标拖动

图 6.54　填充后的效果

图 6.55　利用菜单填充

（3）利用快捷菜单填充。

上例也可以利用快捷菜单填充，步骤如下。

在 A1 单元格中输入数据"5"，右键拖动填充句柄至目标位置松手，这时会弹出快捷菜单，如图 6.58 所示。选择【序列】命令，弹出【序列】对话框，选择或填入相关信息，如图 6.56 所示。效果如图 6.57 所示。

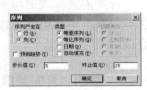

图 6.56　【序列】对话框

图 6.57　填充后的效果

图 6.58　利用快捷菜单填充

在 B1～B5 单元格中自动填充 "2、4、8、16、32" 这个等比数列。

6.6 单元格的基本操作

用户向工作表中输入数据后，经常要对数据进行修改、复制等编辑操作。本节主要介绍单元格的修改、移动、复制、合并、拆分以及删除等基本操作。

6.6.1 修改单元格数据

在工作表中输入数据后，需要修改时，可以在【编辑栏】或单元格中直接修改。

1. 通过【编辑栏】修改

选择需要修改的单元格，编辑栏中即显示该单元格的信息，单击编辑栏后即可修改。如修改 B7 单元格中的内容如图 6.59 所示。

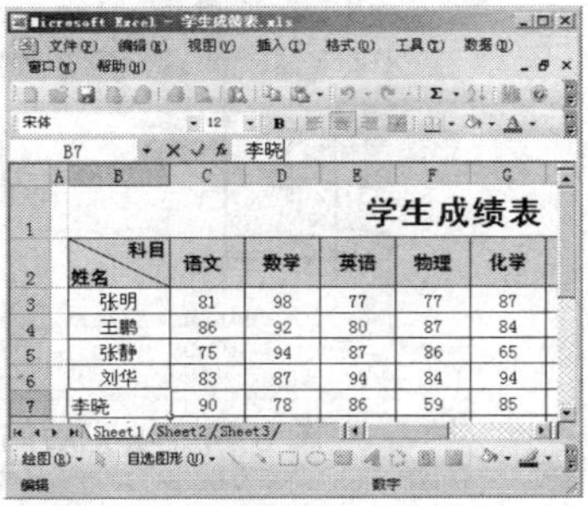

图 6.59 通过【编辑栏】修改

2. 在单元格中直接修改

选择需要修改的单元格，直接输入数据，覆盖已有数据。也可以双击单元格或者按 F2 键，激活单元格中的数据即可直接修改。

6.6.2 移动、复制数据到插入的单元格中

移动或复制单元格的方法较多，有以下几种。

1. 利用【常用工具栏】

利用【常用工具栏】中的【复制】、【剪切】和【粘贴】按钮，可以方便快捷地移动和复制数据。

❶ 选择要移动或复制的单元格。

❷ 单击【常用工具栏】中的【剪切】或【复制】按钮，此时选择的单元格区域被一个闪烁的虚线框包围，如图 6.60 所示，这就是 "活动选定框"。要取消 "活动选定框"，按 Esc 键即可。

❸ 选择要粘贴到的新位置。

❹ 单击【常用工具栏】中的【粘贴】按钮。

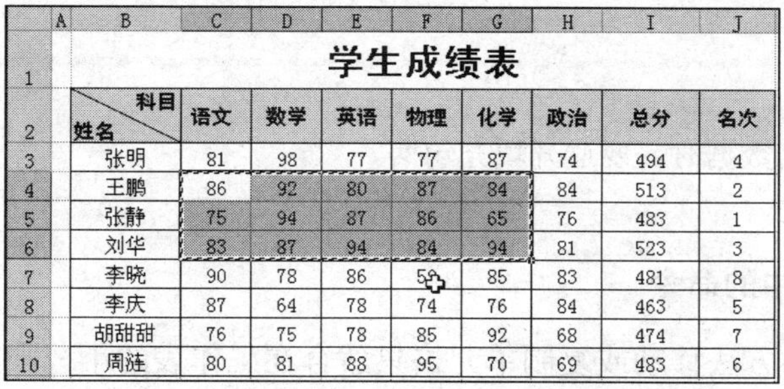

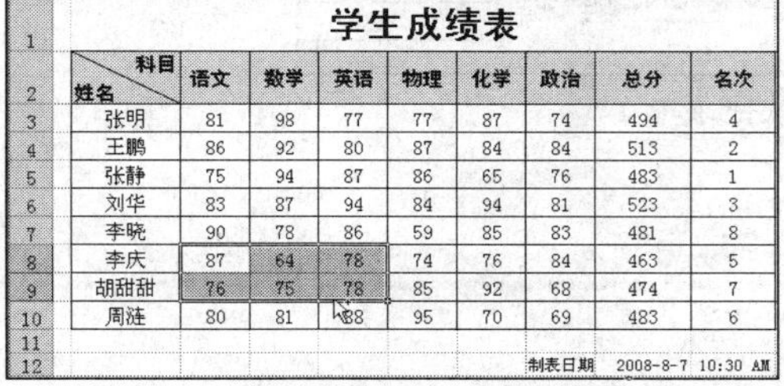

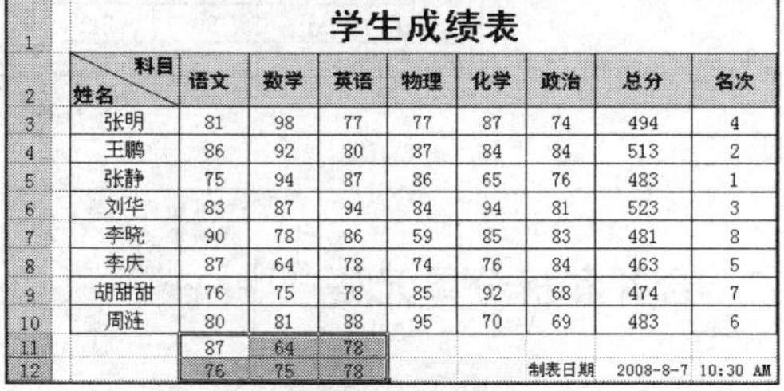

学生成绩表

姓名＼科目	语文	数学	英语	物理	化学	政治	总分	名次
张明	81	98	77	77	87	74	494	4
王鹏	86	92	80	87	84	84	513	2
张静	75	94	87	86	65	76	483	1
刘华	83	87	94	84	94	81	523	3
李晓	90	78	86	59	85	83	481	8
李庆	87	64	78	74	76	84	463	5
胡甜甜	76	75	78	85	92	68	474	7
周涟	80	81	88	95	70	69	483	6

图 6.60　活动选定框

| 提　示 |

复制和剪切单元格区域时，该区域要连续。

2. 使用鼠标拖曳

使用鼠标拖曳移动单元格数据的操作步骤如下。

❶ 选择要移动的单元格。

❷ 将鼠标指针移动到选择单元格区域的黑边框上，此时鼠标指针变为 ✛，如图 6.61 所示。

❸ 拖曳鼠标指针到要移动到的新位置，如图 6.62 所示，然后释放鼠标即可。

图 6.61　用鼠标选中要移动的单元格区域

图 6.62　拖曳到目标区域

使用鼠标拖放的方法复制单元格数据与移动单元格的方法相似，只是在拖曳鼠标指针前要按住 Ctrl 键，鼠标指针旁将增加一个 "+" 号。如图 6.63 和图 6.64 所示。

图 6.63　用鼠标选中要复制的单元格区域

图 6.64　复制到目标区域

| 提 示 |

在移动单元格数据时，要避开填充句柄。

3. 使用菜单栏中的命令

使用鼠标拖曳的方法移动或复制单元格只适合在工作表的小范围内进行。当目标单元格和源单元格相距较远或不在同一张工作表中时，使用菜单栏的命令效果更好。

❶ 选择要移动或复制的单元格区域。

❷ 选择【编辑】→【剪切】或【复制】命令，如图 6.65 所示。所选区域会显示闪烁的虚线边框。

❸ 选择目标单元格区域左上角的单元格。

❹ 选择【编辑】→【粘贴】命令，如图 6.65 所示。

❺ 按 Esc 键取消"活动选定框"的闪烁虚线框。

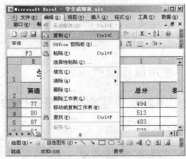

图 6.65 【复制】命令

4. 使用快捷菜单

先选择单元格区域边框，然后按住鼠标右键，拖曳到目标位置释放右键，将弹出快捷菜单，如图 6.66 所示，从中选择相应的命令。

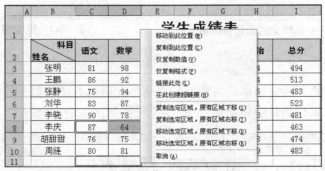

图 6.66 快捷菜单

6.6.3 合并和拆分单元格

用户有时需要把两个或两个以上的单元格合并成一个单元格，方法如下。

1. 使用【格式工具栏】中的命令

❶ 选择要合并的单元格。

❷ 单击【格式工具栏】中的【合并及居中】🔲 按钮，如图 6.67 和图 6.68 所示。

图 6.67 【合并及居中】按钮

图 6.68 合并后的效果

若拆分单元格，再次单击【合并及居中】🔲 按钮即可。

2. 使用【菜单栏】中的命令

❶ 选择要合并的单元格。

❷ 选择【格式】→【单元格】命令，如图 6.69 所示，弹出【单元格格式】对话框，如图 6.70 所示。

图 6.69 【单元格】命令

❸ 选择【对齐】选项卡，在【文本控制】栏中勾选【合并单元格】复选项。

若拆分单元格，取消【合并单元格】前面的对勾即可。

❹ 单击 确定 按钮即可。

图 6.70 【单元格格式】对话框

3. 使用快捷菜单

❶ 选择要合并的单元格，单击右键，在弹出快捷菜单中选择【设置单元格格式】命令，如图 6.71 所示。

❷ 弹出【单元格格式】对话框，如图 6.70 所示。

❸ 选择【对齐】选项卡，在【文本控制】栏中勾选【合并单元格】复选项。

若拆分单元格，取消【合并单元格】前面的对勾即可。

❹ 单击 确定 按钮即可。

图 6.71　快捷菜单

6.6.4　删除单元格

删除单元格不仅减少了单元格的数量，同时还删除了单元格中的数据。

❶ 选择要删除的单元格区域，如果删除行或列，则只需将指针停留在要删除行或列内的任意位置即可。

❷ 选择【编辑】→【删除】命令，如图 6.72 所示，出现【删除】对话框，如图 6.73 所示。也可以在选定单元格区域内单击右键，在弹出的快捷菜单中选择【删除】命令，也会出现如图 6.73 所示的【删除】对话框。

❸ 在【删除】对话框中选择相应的项。

❹ 单击 确定 按钮即可。

图 6.72　【删除】命令

图 6.73　【删除】对话框

6.7　应用实例——制作"公司日常费用开支表"

本节以如图 6.74 所示的"公司日常费用开支表"为例，详细讲解表格的生成过程。

图 6.74　公司日常费用开支表

❶ 双击桌面上的 Excel 2003 的快捷方式 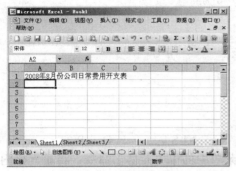，启动 Excel 2003 工作界面。

❷ 选择 A1 单元格，输入 "2008 年 8 月份公司日常费用开支表"，按 Enter 键。如图 6.75 所示。

图 6.75　输入标题

图 6.76　输入其他数据信息

❸ 分别在 A2～D2 单元格中输入 "日期"、"姓名"、"摘要" 以及 "费用（元）" 字样，并输入日期、姓名、摘要和费用等相关数据信息，如图 6.76 所示。

❹ 选择 A1～D1 这 4 个单元格，再单击【格式工具栏】中的【合并及居中】 按钮，效果如图 6.77 所示。

图 6.77　将标题 "合并及居中"

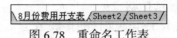

图 6.78　重命名工作表

❺ 双击要重命名的工作表标签 "Sheet1"，输入 "8 月份费用开支表"，按 Enter 键，如图 6.78 所示。

❻ 单击【常用工具栏】中的【保存】按钮 ，会弹出【另存为】对话框，如图 6.79 所示。选择文件要保存的位置，在【文件名】文本框中输入 "公司日常费用开支表"，然后单击 保存(S) 按钮。保存后的【标题栏】如图 6.80 所示。最后完成了如图 6.74 所示效果。

图 6.79　【另存为】对话框

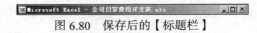

图 6.80　保存后的【标题栏】

提 示

观察图 6.74 会发现，文字左对齐，数字和日期右对齐，有的文字没有显示出来，表格并不美观。要想使表格更好看，第 7 讲将继续讲解表格的美化。

6.8 本 讲 小 结

通过本讲的学习，读者首先对整个 Excel 2003 的工作界面非常熟悉，然后掌握工作簿、工作表以及单元格的基本操作，最后在实例中学习了整个表格的制作过程。当然表格并不美观，它的美化方法与技巧将在第 7 讲中全面展开讲解。

6.9 思考与练习

1．选择题

（1）工作簿文件的扩展名是（   ）。

    A．.DOC   B．.TXT   C．.XLS   D．.POT

（2）在 Excel 工作表中，可以使用（   ）菜单中的【单元格】命令，将单元格内的数值按所需格式进行设置。

    A．编辑   B．格式   C．插入   D．工具

2．填空题

（1）行与列交叉形成的格子称为（   ）。

（2）在工作表左边一列的 1、2、3 等阿拉伯数字表示工作表的（   ），工作表窗口的 A、B、C 等字母表示工作表的（   ）。

（3）系统默认一个工作簿包含（   ）张工作表，一个工作簿内最多可以有（   ）个工作表。

（4）用鼠标将单元格的内容复制到另一单元格中时应同时按下（   ）键。

（5）在 Excel 工作表中输入日期和时间可以使用快捷键。若要输入当前日期可按（   ）组合键，若要输入当前时间可按（   ）组合键。

3．上机操作题

（1）新建一个工作簿，为它添加两个新的工作表，把新添加的工作表命名为"工资表"和"费用表"。如图 6.81 所示效果。

（2）删除"费用表"，隐藏"工资表"，如图 6.82 所示效果。

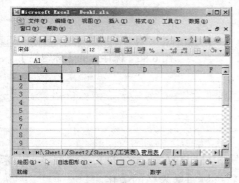

图 6.81 添加并重命名工作表效果图

图 6.82 效果图

（3）编辑"公司日常费用开支表"，如图 6.83 所示。要求：

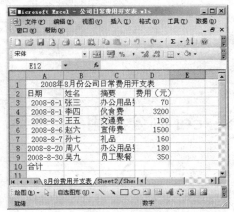

图 6.83　素材图

■　将 C2 单元格中的"摘要"修改为"费用说明"。
■　将 C2～C9 这些单元格中的数据移动到 E2～E9 单元格中。
■　对其中的单元格进行修改、移动、复制和删除等操作。
■　删除 C2～C9 这些单元格。最后效果如图 6.84 所示。

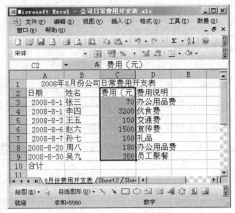

图 6.84　最后效果图

第 **7** 讲　Excel 办公应用

▶ **本讲要点**

- ▪ 单元格的格式设置
- ▪ 调整单元格的大小
- ▪ 样式的设置和模板的应用
- ▪ 使用 Excel 2003 制作理想的表格

▶ **快速导读**

　　本讲主要介绍了单元格的设置方法，包括文字、数字格式设置；单元格的对齐、边框、底纹以及大小设置，还介绍了样式以及模板的应用。最后以大量实例说明制作美观表格的详细过程。通过本讲的学习，用户可以轻松制作出美观实用的表格。

7.1 设置单元格格式

设置单元格格式就是美化、编辑整个工作表，使它看起来更清晰，形象更美观，重要信息更突出，包括对文字格式、数字格式、对齐方式、边框和底纹等的设置。

7.1.1 设置文字格式

单元格的文字格式包括字体、字号、加粗、倾斜、下划线、颜色及特殊效果（包括删除线、上标和下标）。设置单元格的文字格式有两种方法。

1. 通过【格式工具栏】设定

【格式工具栏】可以快速访问大多数常用格式选项，如图 7.1 所示。

图 7.1 【格式工具栏】

用【格式工具栏】设置文字格式的步骤如下。

❶ 选择要设置格式的文本。

❷ 单击【格式工具栏】中相应的按钮，或从下拉列表中选择所需的选项。

2. 通过【单元格格式】对话框设定

虽然【格式工具栏】包含许多选项，但一些类型的格式需要使用【单元格格式】对话框才能完成，显示【单元格格式】对话框有下面几种方法：

- 选择【格式】→【单元格】命令，如图 7.2 所示。
- 按 Ctrl + 1 快捷键。
- 在所选单元格或区域上单击右键，从快捷菜单中选择【设置单元格格式】命令，如图 7.3 所示。

图 7.2 通过【格式】菜单进行设置

图 7.3 通过快捷菜单进行设置

上述 3 种方法都可以进入【单元格格式】对话框，其中包含【数字】、【对齐】、【字体】、【边框】、【图案】和【保护】6 个选项卡。选择【字体】选项卡，如图 7.4 所示。

【字体】选项卡中各选项的功能如下。

【字体】：包括楷体、隶书和宋体等，移动列表框右边的滚动条可以选择所需要的字体。

【字形】：包括常规、倾斜、加粗和加粗倾斜 4 个选项。

【字号】：移动列表框右边的滚动条可以选择需要的字体大小。

【下划线】：单击列表框下箭头，从下拉列表中选择需要的下划线，如图 7.5 所示。

图 7.4　【字体】选项卡　　　　图 7.5　【下划线】下拉列表

【颜色】：单击列表框下箭头，从列表框中选择需要的颜色。

【普通字体】：勾选此项，将选项卡中各项恢复为默认值。

【特殊效果】：包括删除线、上标和下标 3 个复选项。

下面用实例说明单元格文字格式设置的具体步骤。

❶ 选择 B3 和 B4 两个单元格，用前面介绍的方法打开【单元格格式】对话框，选择【字体】选项卡，如图 7.4 所示。

❷ 在【字体】列表框中选择"楷体"选项。

❸ 在【字形】列表框中选择"加粗、倾斜"选项。

❹ 在【字号】列表框中选择"20"。

❺ 单击【下划线】列表框下箭头，从下拉列表中选择"双下划线"选项，在右下角预览框中可以看到效果。然后单击 确定 按钮，效果如图 7.6 所示。

图 7.6　设置文字格式示例

7.1.2　设置数字格式

在前面输入的数据中已经接触过数字和日期，设置单元格的数字格式有两种方法。

1. 通过【格式工具栏】设定

【格式工具栏】可以快速访问一些常用格式选项，如图 7.7 所示。

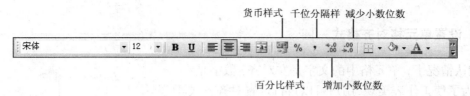

图 7.7　【格式工具栏】

用【格式工具栏】设置数字格式的步骤如下。

❶ 选择要设置格式的数字单元格。

❷ 单击【格式工具栏】中所需的按钮即可。

2. 通过【单元格格式】对话框设定

用前面介绍的方法打开【单元格格式】对话框，选择【数字】选项卡，如图 7.8 所示。在【分类】列表框中有：常规、数值、货币、会计专用、日期、时间、百分比、分数、科学记数、文本、特殊和自定义 12 个选项，其中"特殊"选项包含有"邮政编码"和"电话号码"的格式。

以"日销售报表"文件为例，如图 7.9 所示，设置数字格式的具体步骤如下。

图 7.8　【数字】选项卡

❶ 选择要设置格式的数字单元格，如 B3～B8 单元格区域。

❷ 选择【格式】→【单元格】命令，弹出【单元格格式】对话框，选择【数字】选项卡，如图 7.8 所示。

图 7.9　"日销售报表"文件

❸ 在【分类】列表框中选择一种格式。例如选择"货币"选项，在【货币符号】下拉列表中选择"￥"，如图 7.10 所示。单击 确定 按钮，即可出现如图 7.11 所示效果。

图 7.10　选择"货币"选项

图 7.11　设置数字格式后的效果

7.1.3　设置单元格对齐格式

　　默认情况下，单元格中的文字是左对齐，数字是右对齐。为了使工作表美观，用户可以自行设置对齐方式。方法有以下两种。

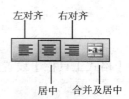

图7.12　【格式工具栏】中的对齐按钮

　　（1）通过【格式工具栏】设定。

　　【格式工具栏】提供了常用的对齐按钮，如图7.12所示，分别是【左对齐】、【居中】、【右对齐】、【居中及合并】。

　　用【格式工具栏】设置单元格对齐格式的步骤如下。

❶ 选择要设置格式的单元格。

❷ 单击【格式工具栏】中所需的对齐按钮即可。

　　（2）通过【单元格格式】对话框设定。

❶ 选择要设置格式的单元格。

❷ 选择【格式】→【单元格】命令，在弹出的【单元格格式】对话框中选择【对齐】选项卡，如图7.13所示。

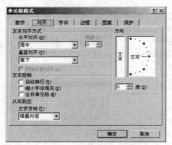

图7.13　【对齐】选项卡

　　【对齐】选项卡中各选项的功能如下。

　　【水平对齐】：单击右边的下箭头，弹出如图7.14所示的下拉列表。从下拉列表中选择所需水平对齐方式。默认情况下是"常规"选项，即文本左对齐、数字右对齐、逻辑值和错误值居中对齐。

图7.14　【水平对齐】下拉列表

　　【垂直对齐】：单击右边的下箭头，

弹出如图7.15所示的下拉列表。从下拉列表中选择所需垂直对齐方式。默认情况下是靠下对齐。

图7.15　【垂直对齐】下拉列表

　　【缩进】：指单元格中的文本向左或向右缩进的幅度。

　　【方向】：用来改变单元格中文本旋转的角度。"度"中若是正数，文本按逆时针方向旋转，负数则相反。

　　【自动换行】：文本超出单元格的长度时，会自动换行。

　　【缩小字体填充】：缩小单元格中字的大小，使数据调整到与列宽一致。

　　【合并单元格】：将两个或多个单元格合并成一个单元格，只保留左上角单元格的内容。

　　【文字方向】：包含"根据内容"、"总是从左到右"和"总是从右到左"3个选项。

| 提　示 |

　　若先选择了【自动换行】复选框，【缩小字体填充】将不可用。

❸ 选择所需要的格式。单击确定按钮即可。

7.1.4 设置单元格边框和底纹

工作表中所显示的灰色网格线不是实际表格线，在打印时是不显示的。为了使工作表看起来更清晰，重点更突出，结构更分明，建议设置边框和底纹。设置边框的方法有以下两种。

（1）通过【格式工具栏】设定。

先选择要设置的单元格区域，再单击【格式工具栏】中【边框】按钮右边的下箭头，如图 7.16 所示，选择所需效果。

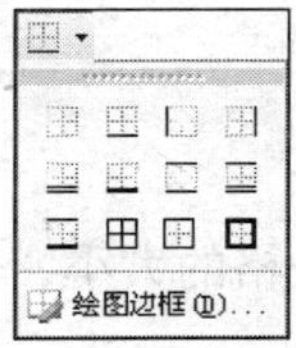

图 7.16 【边框】按钮

（2）通过【单元格格式】对话框设定。

❶ 选择要设置的单元格区域。

❷ 选择【格式】→【单元格】命令，在弹出的【单元格格式】对话框中选择【边框】选项卡，如图 7.17 所示。

图 7.17 【边框】选项卡

【预置】栏中 3 个按钮的功能如下。

无：所选单元格区域没有边框。

外边框：为所选单元格区域外部添加边框。边框的样式可在【样式】框中选择。

内部：为所选单元格区域添加内部网格线。网格线的样式可在【样式】框中选择。

提 示

不能在一个单元格内添加网格线。

【边框】栏中各按钮的功能如下。

：添加或删除所选单元格的上边框。

：添加或删除所选单元格区域各行之间的边框线。如果只选定一行单元格，则此按钮为灰色。

：添加或删除所选单元格的下边框。

：在所选单元格内部添加或删除斜线。

：添加或删除所选单元格的左边框。

：添加或删除所选单元格区域各列之间的边框线。如果只选定一列单元格，则此按钮为灰色。

：添加或删除所选单元格的右边框。

：在所选单元格内部添加或删除斜线。

❸ 选择【样式】框中右边倒数第 2 种样式，单击【外边框】按钮。

❹ 选择【样式】框中右边倒数第 1 种样式，单击【内部】按钮。

❺ 单击确定按钮，添加边框后的效果如图 7.18 所示。

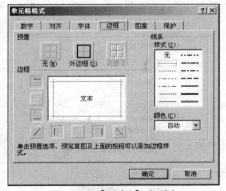

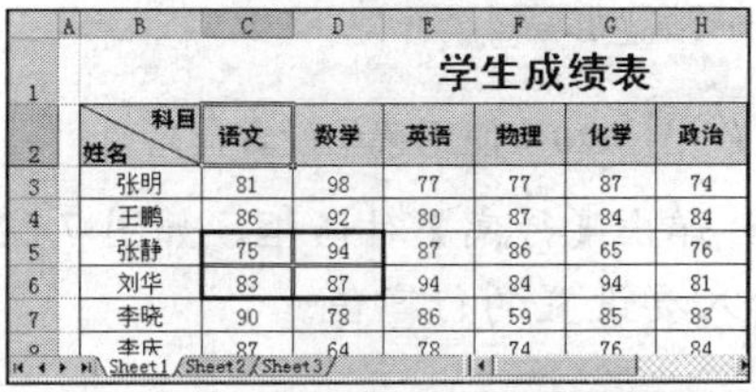

学生成绩表

科目/姓名	语文	数学	英语	物理	化学	政治
张明	81	98	77	77	87	74
王鹏	86	92	80	87	84	84
张静	75	94	87	86	65	76
刘华	83	87	94	84	94	81
李晓	90	78	86	59	85	83
李庆	87	64	78	74	76	84

图 7.18 设置单元格边框后的效果

设置单元格底纹的方法如下。

❶ 选择要设置的单元格区域。

❷ 选择【格式】→【单元格】命令，在弹出的【单元格格式】对话框中选择【图案】选项卡，如图 7.19 所示，选择所需颜色即可。

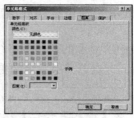

图 7.19　【图案】选项卡

7.2　调整单元格大小

如果默认的行高和列宽不能满足需要时，可以灵活调整单元格的大小，使工作表更合理、更美观。用户可以用自动和手动两种方式改变单元格大小。

7.2.1　自动调整单元格大小

用户可以使用菜单命令调整单元格的行高和列宽，设置行高的具体步骤如下。

❶ 选择要调整行高的一行或多行。

❷ 选择【格式】→【行】→【行高】命令，如图 7.20 所示；也可以单击鼠标右键，在快捷菜单中选择【行高】命令，如图 7.21 所示。

图 7.21　使用快捷菜单设置行高

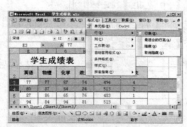

图 7.20　使用菜单设置行高

❸ 弹出【行高】对话框，如图 7.22 所示，输入要设置的行高值。

图 7.22　【行高】对话框

❹ 单击 确定 按钮。

也可以选择【格式】→【行】→【最适合行高】命令，如图 7.20 所示，所选行会自动调整至适合行中最高项的行高。

| 练一练 |

因列宽的设置方法与行高类似，请用户自己操作：把 B 列列宽设为 30，C～H 列列宽均为 22。

7.2.2 手动调整单元格大小

用户可以使用鼠标拖动调整单元格的行高和列宽。调整行高的方法如下。

（1）将鼠标移至行号区所选行号的下边框，当指针变为 ✛ 形状时，按住鼠标左键并拖动，调至满意的位置松手即可。

（2）将鼠标移至行号区所选行号的下边框，当指针变为 ✛ 形状时，双击鼠标左键，该行的高度将自动设置为最高项的高度。

调整列宽的方法类似。

（1）将鼠标移至列号区所选列号的右边框，当指针变为 ✛ 形状时，按住鼠标左键并拖动，调至满意的位置松手即可。

（2）将鼠标移到列号区所选列号的右边框，当指针变为 ✛ 形状时，双击鼠标左键，该列的宽度将自动设置为最宽项的宽度。

| 提 示 |

虽然用鼠标拖动的方法简单易行，但很难做到精确化。若想精确，建议采用菜单的方式。

7.3 设置样式

Excel 2003 中文版提供了 17 种数据清单格式，供用户套用。样式不仅设计美观、重点突出，而且大大提高了工作效率。

7.3.1 应用单元格样式

如果用户使用 Excel 内部预定义的自动套用格式，可使用【自动套用格式】命令快速完成。步骤如下。

❶ 选择要使用自动套用格式的数据清单或工作表范围。

❷ 选择【格式】→【自动套用格式】命令，如图 7.23 所示，在弹出的【自动套用格式】对话框中选择所需的格式，如"三维效果 2"，如图 7.24 所示。单击 确定 按钮，套用效果如图 7.25 所示。

图 7.23　【自动套用格式】命令

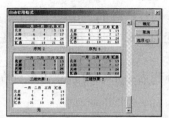

图 7.24　【自动套用格式】对话框

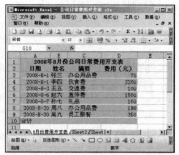

图 7.25　使用【自动套用格式】后的效果

练一练

使用 Excel 内部预定义的其他自动套用格式，仔细观察套用后的效果。

7.3.2　使用条件格式

条件格式是指，如果单元格满足了指定的条件，将自动应用底纹、字体以及颜色等格式。

下面以"公司日常开支费用表"为例来讲解如何设置条件格式。假设要统计费用支出情况，费用超过 1000 元的用黑色边框、双下划线及加粗倾斜显示。未设置条件格式前，工作表如图 7.26 所示。

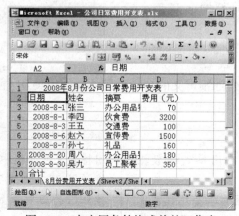

图 7.26　未应用条件格式前的工作表

使用条件格式的步骤如下。

❶ 选择有关费用的单元格区域。

❷ 选择【格式】→【条件格式】命令，如图 7.27 所示。弹出【条件格式】对话框，如图 7.28 所示。

图 7.27 【条件格式】命令

图 7.28 【条件格式】对话框

❸ 在"条件 1"中选择"单元格数值"选项，在其后的框中选择"大于"项，然后在其后的框中输入"1000"，如图 7.29 所示。

图 7.29 设置条件

❹ 单击 格式(F)... 按钮，在弹出的【单元格格式】对话框中选择"加粗 倾斜"、"双下划线"及"黑色"边框，如图 7.30 所示，然后单击 确定 按钮。最后单击【条件格式】对话框中的 确定 按钮。效果如图 7.31 所示。

图 7.30 【单元格格式】对话框

图 7.31 应用条件格式后的工作表

7.3.3 应用表格样式

使用 Excel 中已定义表格样式的步骤如下。

❶ 选择要套用样式的单元格或工作表范围。

❷ 选择【格式】→【样式】命令，弹出【样式】对话框，如图 7.32 所示。

❸ 在【样式名】下拉列表中选择所需样式，在【样式包括】栏中复选所需样式类型。

图 7.32 【样式】对话框

❹ 单击 确定 按钮。

7.4 应用模板

新建一个工作簿时，会打开【新建工作簿】的任务窗格，如图 7.33 所示。用户可以选择新建，也可以应用模板。模板包括了样式、格式等默认设置为改变默认设置提供了简单的方法。

用户可以选择【Office Online 模板】、【本机上的模板】或【网络上的模板】，也可以到网上搜索。单击【本机上的模板】，弹出如图 7.34 所示的对话框，用户可以选择【常用】选项卡中的【工作簿】，也可以从【电子方案表格】选项卡中选择所需要的表格模板，如图 7.35 所示。

图 7.33 【新建工作簿】的任务窗格

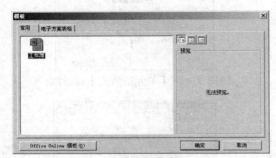

图 7.34 【常用】选项卡

图 7.35 【电子方案表格】选项卡

以选择【Office Online 模板】为例来说明，具体操作步骤如下。

❶ 单击【Office Online 模板】，打开【模板类别】窗口，如图 7.36 所示。选择所需模板，如【费用报表】模板，如图 7.37 所示。

图 7.36 【模板类别】窗口

图 7.37 【费用报表】模板

❷ 选择其中一项，如【经费明细表】，打开【经费明细表】模板，如图 7.38 所示，单击 下载 按钮，打开如图 7.39 所示的效果图。

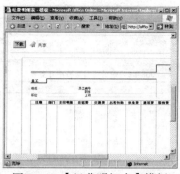

图 7.38　【经费明细表】模板

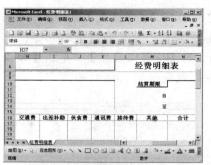

图 7.39　应用模板后效果

模板文件也可以保存其他命名的样式，这是工作簿具有一致外观的好方法。

7.5　应用实例——美化"公司日常费用开支表"

我们在 6.7 节中制作了如图 7.40 所示的"公司日常费用开支表"，显然并不美观。利用本讲学习的美化表格的方法和技巧美化此表，效果如图 7.48 所示。具体步骤如下。

❶ 调整标题的行高：将鼠标移至行号 1 的下边框，当指针变为 十 形状时，按住鼠标左键并拖动，拖至满意的位置松手即可，如图 7.41 所示。用同样的方法调整第 2 行的行高。

图 7.40　公司日常费用开支表

图 7.41　调整标题的行高

❷ 选中第 3～10 行，将鼠标移至任一行号的下边框，当指针变为 十 形状时，按住鼠标左键并拖动，拖至满意的位置松手即可。如图 7.42 所示。

图 7.42　调整其他行的【行高】

❸ 调整列宽：选中第 A～D 列，将鼠标移至任一列号的右边框，当指针变为 十 形状时，按住鼠标左键并拖动，拖至满意的位置松手即可。如图 7.43 所示。

❹ 设置文字格式：选中第 1 行，在【格式工具栏】中设置【字体】为"黑体"，【字号】为"20"，单击【加粗】 B 按钮。选中

第 2～10 行，在【格式工具栏】中单击【居中】按钮，效果如图 7.44 所示。选中第 2 行，在【格式工具栏】中单击【加粗】B 按钮，效果如图 7.45 所示。

图 7.43　调整列宽

❺ 设置边框：选择 A2～D10 的长方形区域，在【格式工具栏】中单击【边框】按钮右边的下三角，单击其中的【所有框线】田 按钮。效果如图 7.46 所示。

❻ 选择 A10～C10 这 3 个单元格，在【格式工具栏】中单击【合并及居中】按钮。如图 7.47 所示。

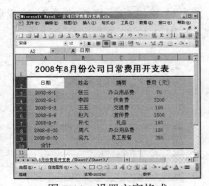

图 7.44　设置文字格式

❼ 自动求和：选择 D3～D9 这 7 个单元格，在【常用工具栏】中单击【自动求和】Σ 按钮，结果会自动显示在这组数据下面的单元格中。如图 7.48 所示。

图 7.45　将第 2 行字体加粗

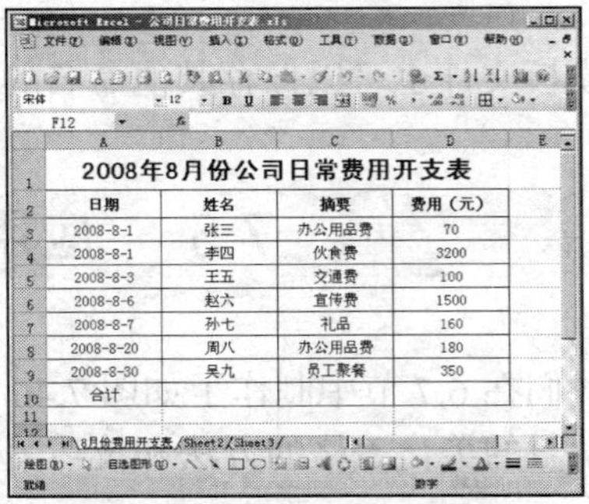

图 7.46　添加边框后的效果图

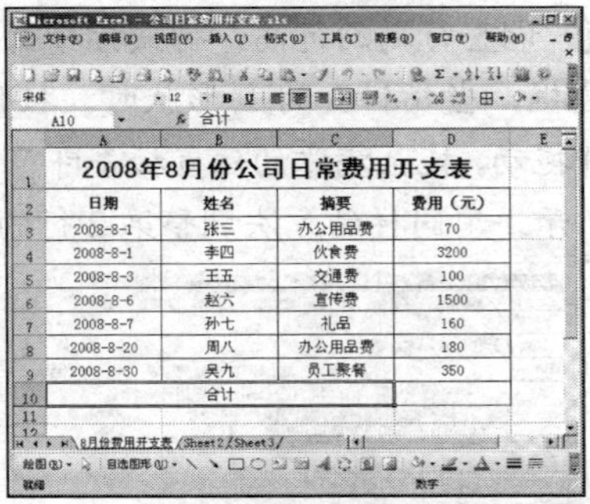

图 7.47　合并及居中标题单元格

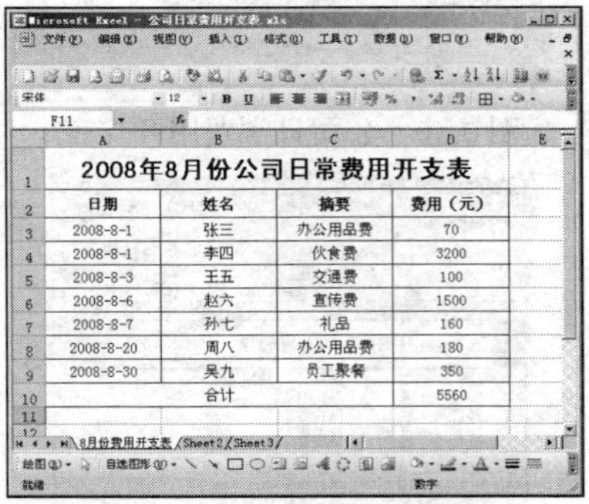

图 7.48　自动求和后的效果图

7.6 使用 Excel 2003 制作工资表

上节我们仅仅对工作表进行了美化。在本节中，我们将系统讲解和演示工作表生成的全过程。

7.6.1 新建 Excel 文档

创建一个新的 Excel 文档，可以双击桌面上 Excel 2003 的快捷方式 ，也可以单击打开 Excel 文档【常用工具栏】中的【新建】 按钮。如图 7.49 所示。

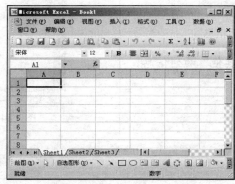

图 7.49 【新建】工作簿

7.6.2 输入内容

输入工资表的相关信息，步骤如下。

❶ 在第 1 行输入如图 7.50 所示信息。

图 7.50 输入第 1 行信息

❷ 在 A2 和 A3 单元格中分别输入"1"和"2"，选择单元格 A2、A3，将鼠标移至右下角的填充句柄（即为黑点）上，此时箭头变成黑十字状 ➕，直接向下拖动即可。

效果如图 7.51 所示。

图 7.51 填充序号信息

❸ 输入姓名信息，如图 7.52 所示。

❹ 在 C2 单元格中输入"1000"，将鼠

标移至该单元格右下角的填充句柄（即为黑点）上，此时箭头变成黑十字状十，直接向下拖动至 C10 单元格，松手即可。如图 7.53 所示。

图 7.52　输入姓名信息

❺ 输入"提成"和"其他"两列信息，如图 7.54 所示。

图 7.53　填充相同数字信息

图 7.54　输入其余信息

7.6.3　调整行高和列宽

输入信息后，开始调整单元格。行高的调整步骤如下。

❶ 将鼠标移至行号 1 的下边框，当指针变为十形状时，按住鼠标左键并拖动，拖至满意的位置松手即可，如图 7.55 所示。

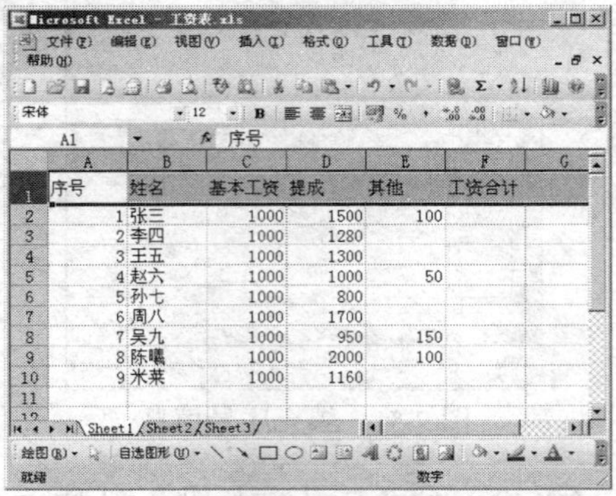

图 7.56　调整其余行的高度

❷ 选中第 2～10 行，将鼠标移至任一行号的下边框，当指针变为十形状时，按住鼠标左键并拖动，拖至满意的位置松手即可。如图 7.56 所示。

图 7.55　调整第 1 行的高度

调整列宽的步骤：将鼠标移至列号 A 的右边框，当指针变为 ✛ 形状时，按住鼠标左键向左拖动，拖至满意的位置松手即可，如图 7.57 所示。用同样的方法加大 B 列和 F 列的宽度。如图 7.58 所示。

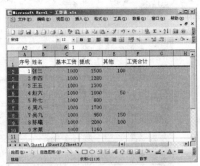

图 7.57　缩小 A 列的列宽

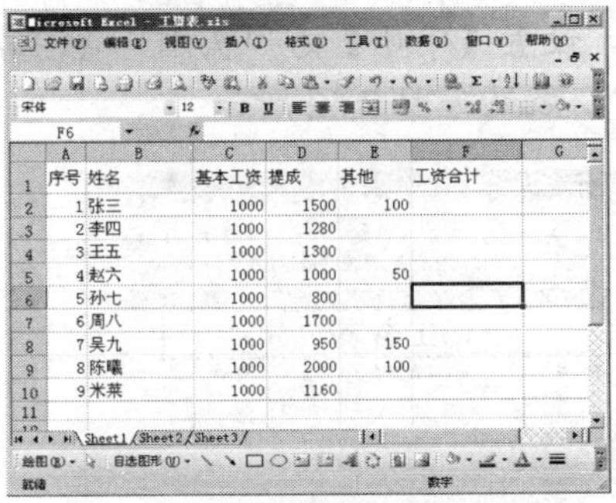

图 7.58　加大 B 列和 F 列的列宽

7.6.4　添加表格标题

为表格添加标题的步骤如下。

❶ 右键单击第 1 行任意位置，在弹出的快捷菜单中选择【插入】命令，便在第 1 行的上面添加上了 1 行。如图 7.59 和图 7.60 所示。

❷ 调整第 1 行的行高至合适的高度。在 A1 单元格中输入"工资表"，如图 7.61 所示。

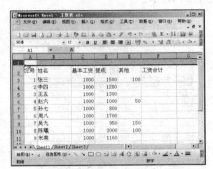

图 7.60　插入 1 行

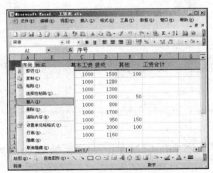

图 7.59　【插入】命令

图 7.61　输入标题

7.6.5　设置表格格式

设置字体、字号、加粗、倾斜、下划线、对齐及边框等表格格式的具体步骤如下。

❶ 选中 A1~F1 单元格，在【格式工具栏】中单击【合并及居中】 ⊞ 和【加粗】 B 按钮，设置【字体】为"黑体"，【字号】为"26"。效果如图 7.62 所示。

图 7.62　设置标题的效果

❷ 选中第 2 行，在【格式工具栏】中单击【居中】 ≡ 和【加粗】 B 按钮。效果如图 7.63 所示。

图 7.63　设置第 2 行的效果

❸ 选中第 3~11 行，在【格式工具栏】中单击【居中】 ≡ 按钮，效果如图 7.64 所示。

图 7.64　设置其余行的格式

❹ 选择 A2~F11 长方形区域，在【格式工具栏】中单击【边框】 ⊞· 按钮右边的下三角，单击其中的【所有框线】 ⊞ 按钮。如图 7.65 所示。

图 7.65　设置边框

7.6.6　重命名工作表

双击【工作表标签】"Sheet1"，输入新的名称"工资表"后按 Enter 键，效果如图 7.66 所示。

工资表 / Sheet2 / Sheet3 /

图 7.66　【重命名】工作表

7.6.7　自动求和计算

我们采用 Excel 提供的自动求和公式计算数据，给"工资合计"列填入数据，步骤如下。

❶ 选择 F3 单元格，在【常用工具栏】中单击【自动求和】Σ▾按钮，如图 7.67 所示。按 Enter 键，效果如图 7.68 所示。

图 7.68　求和后的效果

图 7.67　选择【自动求和】按钮

❷ 将鼠标移至 F3 单元格右下角的填充句柄（即为黑点）上，此时箭头变成黑十字状 ✚，直接向下拖动至 F11 单元格，松手即可。效果如图 7.69 所示。

图 7.69　求和后的效果图

7.6.8　打印工作表

到目前为止，工资表已经制作完成，用户可以根据需要打印出来。方法有：

- 单击【常用工具栏】中的【打印】按钮。
- 选择【文件】→【打印】命令，如图 7.70 所示。
- 按 Ctrl+P 快捷键。

建议打印之前先预览一下，调整页面设置。打印预览的方法有：

- 单击【常用工具栏】中的【打印预览】按钮。
- 选择【文件】→【打印预览】命令，如图 7.70 所示。

图 7.70　【打印】命令和【打印预览】命令

7.7　使用 Excel 2003 制作销售调查报告表

上节我们详细讲解了资表的生成过程，本节以"销售调查报告表"为例，进一步加深与巩固所学知识。

7.7.1　新建文档

创建一个新的 Excel 文档，可以双击桌面上 Excel 2003 的快捷方式，也可以单击打开 Excel 文档【常用工具栏】中的【新建】按钮。

7.7.2　输入内容

输入"销售调查报告表"各产品名称和地区的相关信息，如图 7.71 所示。合计栏的数据信息利用【常用工具栏】中的【自动求和】按钮实现。步骤如下。

❶ 选择 B11 单元格，在【常用工具栏】中单击【自动求和】按钮，如图 7.72 所示。按 Enter 键即可。

图 7.71　输入数据信息

图 7.72　在 B11 单元格中自动求和

❷ 将鼠标移至 B11 单元格右下角的填充句柄（即为黑点）上，此时箭头变成黑十字状十，直接向右拖动至 G11 单元格，松手即可。效果如图 7.73 所示。

图 7.73　第 11 行显示自动求和结果

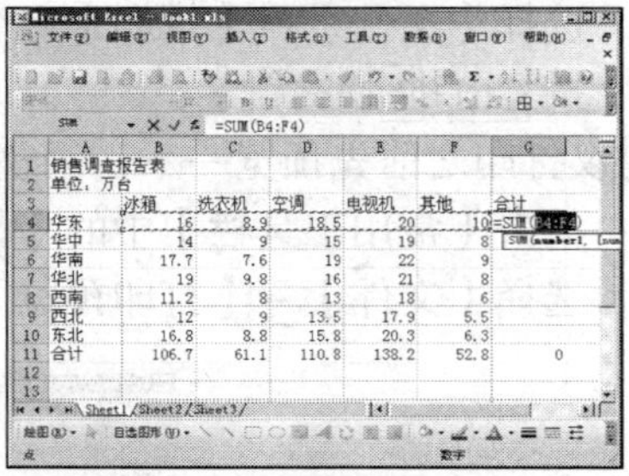

图 7.74　在 G4 单元格中自动求和

❸ 选择 G4 单元格，单击【自动求和】按钮，如图 7.74 所示。按 Enter 键后如图 7.75 所示。

❹ 将鼠标移至 G4 单元格右下角的填充句柄（即为黑点）上，此时箭头变成黑十字状十，直接向下拖动至 G11 单元格，松手即可。效果如图 7.76 所示。

图 7.75　自动求和后的效果

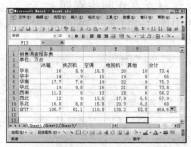

图 7.76　第 G 列显示自动求和效果

7.7.3　设置表格格式

对表格进行整体设置，包括设置单元格大小、字体、字号、加粗、倾斜、下划线、对齐及边框等。调整行高和列宽的步骤如下。

❶ 将鼠标移至行号 1 的下边框，当指针变为 ✛ 形状时，按住鼠标左键并拖动，拖至满意的位置松手即可。用同样的方法调整第 2、3、11 行的行高。

❷ 选中第 4～10 行，将鼠标移至任一行号的下边框，当指针变为 ✛ 形状时，按住鼠标左键并拖动，拖至满意的位置松手即可。调成相等的行高，效果如图 7.77 所示。

❸ 将鼠标移至列号 A 的右边框，当指针变为 ✛ 形状时，按住鼠标左键向右拖动，拖至满意的位置松手即可。用同样的方法调整第 G 列的列宽。

❹ 选中第 B～F 列，将鼠标移至任一列号的右边框，当指针变为 ✛ 形状时，按住鼠标左键并拖动，拖至满意的位置松手即可。调成相等的列宽，效果如图 7.78 所示。

图 7.77　调整行高

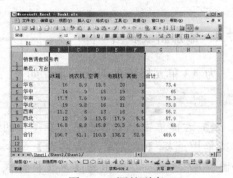

图 7.78　调整列宽

设置文字格式的步骤如下。

选中第 1 行，在【格式工具栏】中设置字体为"黑体"，字号为"24"，单击加粗 **B** 按钮。同样选中第 2 行，设置字号为"10"。设置第 3 行和 A4～A11 单元格区域为加粗效果，效果如图 7.79 所示。

设置对齐方式的步骤如下。

选中第 3～11 行，在【格式工具栏】中单击居中 ▦ 按钮，如图 7.80 所示。

图 7.79　设置文字格式

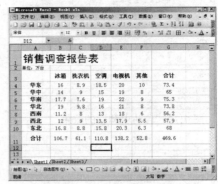

图 7.80　设置居中效果

设置边框的步骤如下。

选择 A3～G11 的长方形区域，在【格式工具栏】中单击边框 ▦▾ 按钮右边的下三角，单击所有框线 ▦ 按钮，如图 7.81 所示。

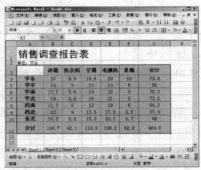

图 7.81　设置选区边框

7.7.4　添加斜线表格

为 A3 单元格添加斜线，步骤如下。

❶ 右键单击 A3 单元格，在弹出的快捷菜单中选择【设置单元格格式】命令，如图 7.82 所示。在弹出的【单元格格式】对话框中单击【边框】选项卡中的 ◥ 按钮，如图 7.83 所示。单击 确定 按钮。

❷ 选择 A3 单元格，输入"品名"后按 Alt+Enter 键，再输入"地区"，按 Enter 键。效果如图 7.84 所示。

图 7.82　【设置单元格格式】命令

图 7.83　【边框】选项卡

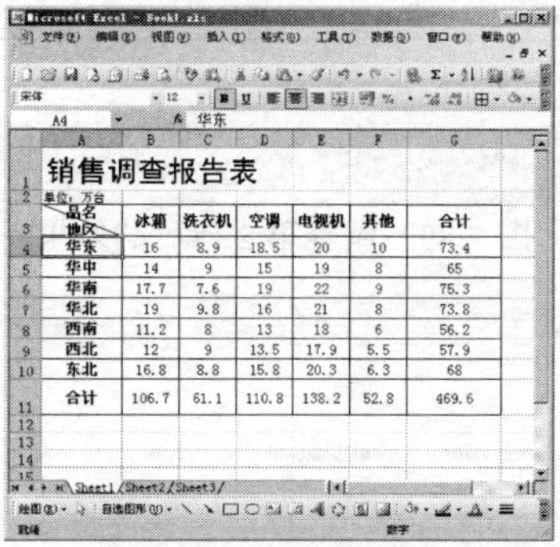

图 7.84　添加斜线

❸ 在 "品名" 前加适当空格调整，按

已学过的方法打开【单元格格式】对话框，选择【对齐】选项卡，设置【水平对齐】为 "两端对齐"，如图 7.85 所示。最后单击 确定 按钮，效果如图 7.86 所示。

图 7.85　【对齐】选项卡

图 7.86　调整后的效果

7.7.5　合并单元格

设置后发现表头很不美观，即对表头进行设置。步骤如下。

❶ 选择 A1～G1 单元格区域，在【格式工具栏】中单击【合并及居中】📑按钮，如图 7.87 所示。

图 7.87　将标题 "合并及居中"

❷ 再选择 A2～G2 单元格区域，选择【格式】→【单元格】命令，在弹出的【单元格格式】对话框中选择【对齐】选项卡，勾选【合并单元格】复选框，如图 7.88 所示。单击 确定 按钮。

图 7.88　【对齐】选项卡

❸ 单击【右对齐】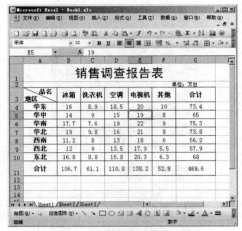按钮，"台"字后可加适当空格调整，如图 7.89 所示。

图 7.89　调整第 2 行后的效果

7.7.6　保存工作表

保存工作表的方法是：

选择【文件】→【保存】命令，弹出【另存为】对话框。先选择文件要保存的位置，在【文件名】文本框中输入文件的名称"销售调查报告表"，如图 7.90 所示；然后单击 保存(S) 按钮，标题栏效果如图 7.91 所示。

图 7.90　【另存为】对话框

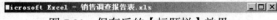

图 7.91　保存后的【标题栏】效果

7.8　本讲小结

本讲首先介绍了设置工作表格式的方法与技巧，然后以几个具体的实例说明整个表格的详细制作过程。通过本讲的学习，用户可以轻而易举地制作出满意的表格。

7.9　思考与练习

1. 选择题

（1）在 Excel 工作表中，如果没有预先设定工作表的对齐方式，日期或数值默认的对齐方式是（　　）。

A. 左对齐　　B. 居中对齐　　C. 右对齐　　D. 两端对齐

（2）在 Excel 中，用鼠标（　　）工作表标签可以重命名工作表。

A. 单击　　B. 双击　　C. 三击　　D. 四击

（3）在 Excel 中，使用【格式工具栏】上的按钮，（　　）文本属性不会作用到所选择的单元格文本上。

A. 删除线　　B. 加粗　　C. 倾斜　　D. 下划线

（4）下列选项卡中，不是单元格格式中的是（　　）。

A. 数字选项卡　　B. 字体选项卡

C. 对齐选项卡　　D. 行高选项卡

（5）如果在 A1、B1 和 C1 三个单元格分别输入数据 10、20 和 30，再选择单元格 D1，然后单击常用工具栏中的 Σ 按钮，则在单元格 D1 中显示（　　）。

A. =SUM(A1:C1)　　B. =TOTAL(A1:C1)

C. =AVERAGE(A1:C1)　　D. =COUNT(A1:C1)

2. 判断题

（1）Excel 单元格中的数据可以水平居中，但不能垂直居中。（　　）

（2）在 Excel 中，单元格的格式可以随时改变。（　　）

3. 上机操作题

如图 7.92 所示素材图。操作要求如下。

（1）在第 1 行上面插入一行，行高为 32，添加表格标题为“成绩表”，黑体，字号为 18，并合并单元格。其余内容全部居中。

（2）在 G 列中求出各学生的总分。

（3）设置第 2 行的行高为 28。

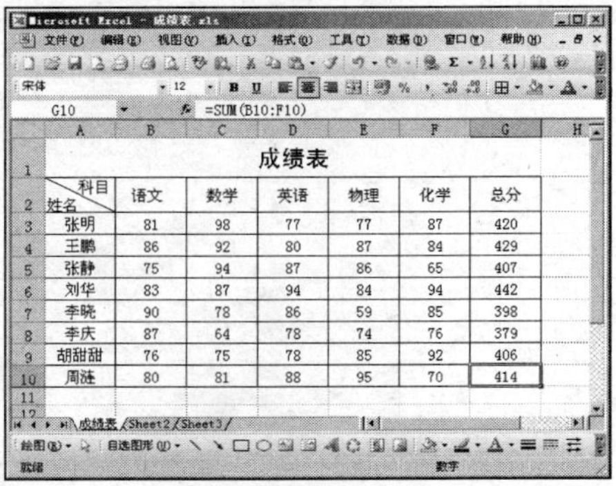

（4）在 A2 单元格中添加斜线表格，输入“科目”和“姓名”，调整位置。

（5）为表格添加边框。

（6）将工作表“Sheet1”更名为“成绩表”。

（7）保存工作表，名称为“成绩表”。效果如图 7.93 所示。

	语文	数学	英语	物理	化学	总分
张明	81	98	77	77	87	
王鹏	86	92	80	87	84	
张静	75	94	87	86	65	
刘华	83	87	94	84	94	
李晓	90	78	86	59	85	
李庆	87	64	78	74	76	
胡甜甜	76	75	78	85	92	
周涟	80	81	88	95	70	

图 7.92　素材图

成绩表

科目 / 姓名	语文	数学	英语	物理	化学	总分
张明	81	98	77	77	87	420
王鹏	86	92	80	87	84	429
张静	75	94	87	86	65	407
刘华	83	87	94	84	94	442
李晓	90	78	86	59	85	398
李庆	87	64	78	74	76	379
胡甜甜	76	75	78	85	92	406
周涟	80	81	88	95	70	414

图 7.93　效果图

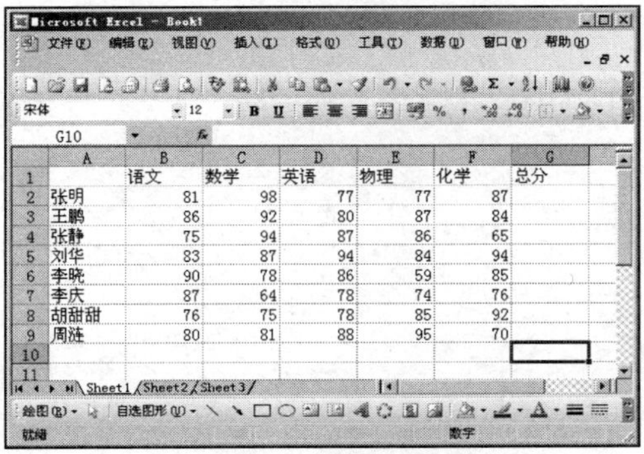

第 **8** 讲　Excel 办公高级应用

▶ **本讲要点**

- 公式及函数的使用
- 数据的排序、筛选及分类汇总等方法
- 利用图表分析数据
- 打印工作表的基本操作

▶ **快速导读**

　　本讲主要介绍了 Excel 的公式与函数，数据排序、筛选、分类汇总，利用图表分析数据等高级管理数据的方法，以及打印工作表的一些基本操作，最后以实例说明 Excel 的高级应用及设置技巧。

8.1 计算数据

Excel 2003 是一款常用的电子表格程序，是管理和维护数据的有效工具，公式与函数是 Excel 数据计算的核心。

8.1.1 用公式计算

公式就是在工作表中对数据进行分析的等式，可以对数值进行加、减、乘、除等运算。使用公式时必须以等号 "=" 开头（提示单元格中含有公式而不是文本），后面紧接运算数和运算符。下面举几个公式的例子：

- =20+25；
- =SUM（A1：A6）；
- =收入－费用。

运算数可以是常数、单元格引用、单元格名称和工作表函数等，运算符包含下面 4 种。

- 算术运算符：用于完成基本数学运算的运算符，有 "+"（加号）、"－"（减号）、"－"（负号）、"*"（乘号）、"/"（除号）、"%"（百分号）和 "^"（乘方）。

- 比较运算符：用来比较两个值大小的运算符，有 "="（等号）、">"（大于号）、"<"（小于号）、">="（大于等于号）、"<="（小于等于号）、"<>"（不等号）6 种。

- 文本运算符："&"（连字符）用来将多个文本连接成组合文本。如 "北京" & "奥运会" 产生 "北京奥运会"。

- 引用运算符：可以将单元格区域合并计算。包含有以下 3 种。

- "："（冒号）：区域运算符，对包括在两个引用之间所有单元格的引用。如 B1：F1（引用从 B1 到 F1 的所有单元格）

- "，"（逗号）：联合运算符，将多个引用合并为一个引用。如 SUM（A1：H1，B2：F2）将 A1：H1 和 B2：F2 两个合并为一个。

- "⌴"（空格）：交叉运算符，产生对两个引用共有单元格的引用。如 SUM（A2：F2 ⌴ B1：B3）产生对 B2 的引用。因只有 B2 同时属于两个引用 A2：F2 和 B1：B3。

在单元格中输入公式的方法包括手动输入和单击输入等。

1. 手动输入

手动输入公式是指用户用手动来输入公式。在选定的单元格中先输入一个 "="（等号），后面跟着公式。输入时字符会同时出现在单元格和编辑栏中，如图 8.1 所示。按 Enter 键后，该单元格会显示运算的结果 "8"。

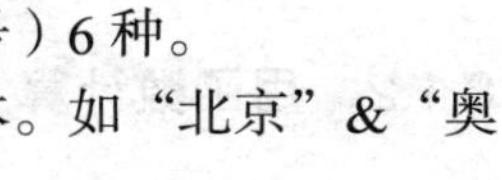

2. 单击输入

图 8.1 手动输入公式

单击输入更加简捷，不容易出错。例如在单元格 C1 中输入公式 "=A1+B1"，可以按照下面的步骤操作。

❶ 单击单元格 C1。输入 "="。

❷ 单击单元格 A1，单元格周围会显示一个活动虚框，同时单元格引用会出现在单元格 C1 和编辑栏中，如图 8.2 所示。

图 8.2 单击单元格 A1 后的效果

❸ 输入 "+"（加号），虚线边框会变为实线边框，如图 8.3 所示。

❹ 单击单元格 B1，如图 8.4 所示。按

Enter 键后效果如图 8.5 所示。

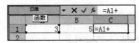

图 8.3 输入 "加号" 后的效果

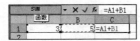

图 8.4 单击单元格 B1 效果

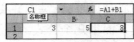

图 8.5 按 Enter 键后效果

提 示

【编辑栏】中显示的 3 个工具按钮是：✖（取消），✔（输入），*fx*（插入函数）。

8.1.2 用函数计算

除了用公式计算数据外，也可以利用函数计算数据。通过如图 8.6 所示【插入函数】对话框可以选择所需要的函数。打开这个对话框的方法如下：

- 选择【插入】→【函数】命令。
- 单击【编辑栏】中的【插入函数】*fx* 按钮。
- 按 Shift+F3 组合键。

如果用户不确定需要哪个函数，可以在【搜索函数】文本框中输入搜索项，然后单击 转到(G) 按钮，就会得到一个相关函数的列表。

用户可以在【选择类别】下拉列表中选择一种类型，该类型中的所有函数就会出现在【选择函数】列表框中。

也可以在单元格中输入 "=" 后，单击【编辑栏】中【函数】右边的 ▼ 按钮，如图 8.7 所示。在弹出的最近使用的函数下拉列表中选择所需函数。

关于函数，建议用户打开【插入函数】对话框学习，这样更加直观，学习起来更加迅速方便。在此介绍一些常用函数的用法与功能。

1. SUM 函数

功能：计算单元格区域中所有数值的和。

语法：SUM（number1，number2……）

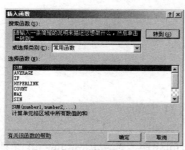

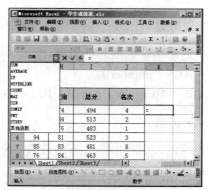

图 8.6 【插入函数】对话框　　　　　　　　　图 8.7 【函数】下拉列表

例：① SUM（2，3）=5。

② 如果 A1 单元格的数据是 5，B1 单元格的数据是 10，那么 SUM（A1，B1）=15。

2. AVERAGE 函数

功能：用于对所有的参数计算算术平均值。

语法：AVERAGE（number1，number2……）

例：① AVERAGE（3，5）=4。

② 如果 A1 单元格的数据是 6，B1 单元格是 10，那么 AVERAGE（A1，B1）=8。

3. IF 函数

功能：判断一个条件是否满足，如果满足返回一个值，如果不满足则返回另一个值。

语法：=IF（logical_test，value_if_true，value_if_false）

logical_test 表示判断条件表达式；value_if_true 表示当判断条件为逻辑"真（True）"时的显示内容，如果忽略则返回"True"；value_if_false 表示当判断条件为逻辑"假（False）"时的显示内容，如果忽略则返回"False"。

例：在 K3 单元格中输入公式：=IF(H3>80,"t","f")。如果 H3 单元格中的数值大于 80，在 K3 单元格中则显示 t，反之显示 f。如图 8.8 所示。

4. MAX 函数

功能：返回一组数值中的最大值。

语法：MAX（number1，number2……）

例：① MAX（2，3）=3。

② 如果 A1 单元格的数据是 5，B1 单元格是 10，那么 MAX（A1，B1）=10。

5. MIN 函数

功能：返回一组数值中的最大值。

语法：MIN（number1，number2……）

例：① MIN（2，3）=2。

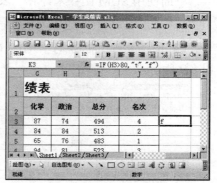

图 8.8 IF 函数应用

② 如果 A1 单元格的数据是 5，B1 单元格的数据是 10，那么 MIN（A1，B1）=5。

6. ABS 函数

功能：返回给定数值的绝对值。

语法：ABS（number）

例：ABS（10）=10，ABS（-10）=10。

7. DAY 函数

功能：返回一个月中第几天的数值，介于 1 到 31 之间。

语法：DAY（serial-number）

serial-number 是用于日期和时间计算的日期时间代码。serial-number 可以是数字，还可以是文本，如"08/8/24"。

例：DAY（"08/8/24"）=24；DAY（"1-OCT"）=1。

| 提 示 |

OCT 表示十月。

8. DATE 函数

功能：返回代表日期的数字。

语法：DATE（year，month，day）

year 代表年份（小于 9999），month 代表月份（可以大于 12），day 代表天数。

例：在 D5 单元格中输入公式：=DATE（2003，13，1），会显示 2004-1-1。

| 提 示 |

由于公式中的月份为 13，多了一个月，故顺延至 2004 年 1 月。

下面使用 SUM 函数来计算"表格素材\成绩表.xls"中每个学生的总分。步骤如下。

❶ 选择要计算总分的单元格 G3，如图 8.9 所示。

❷ 单击【插入函数】按钮，会弹出如图 8.10 所示对话框，在【选择函数】列表框中选择"SUM"函数，单击 确定 按钮。

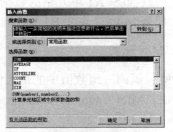

图 8.9 成绩表.xls

图 8.10 【插入函数】对话框

❸ 弹出【函数参数】对话框，如图 8.11 所示，单击【Number1】文本框右边的工作表按钮，在工作表中单击单元格 B3，出现活动选定框，然后按下鼠标左键，拖动至 F3，即选中 B3: F3 单元格区域，如图 8.12 所示。

图 8.11　【函数参数】对话框

图 8.12　选定作为参数的单元格区域

❹ 单击 按钮，返回到【函数参数】对话框，单击 确定 按钮。在 G3 单元格中就会显示出张明同学的"总分"，如图 8.13 所示。

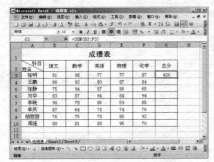

图 8.13　"SUM" 函数计算结果

❺ 用菜单命令复制公式。单击 G3 单元格，选择【编辑】→【复制】命令。如图 8.14 所示。

图 8.14　【复制】命令

❻ 选定 G4: G10 单元格区域，选择【编辑】→【选择性粘贴】命令。如图 8.15 所示。

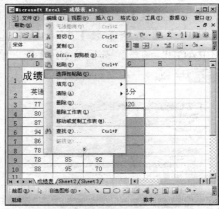

图 8.15　【选择性粘贴】命令

❼ 在弹出的【选择性粘贴】对话框中选择【公式】单选框，如图 8.16 所示，然后单击 确定 按钮。其他同学的"总分"就可以计算出来，如图 8.17 所示。

图 8.16　【选择性粘贴】对话框

图 8.17　复制公式的输出结果

最后使用 AVERAGE 函数计算"成绩表"中每个学生的平均分，步骤如下。

❶ 选定 H3：H10 单元格区域。选择【插入】→【函数】命令，弹出【插入函数】对话框，在【选择函数】列表框中选择"AVERAGE"函数，如图 8.18 所示。单击 确定 按钮。

图 8.19　输入参数

出所有同学的平均分，如图 8.20 所示。

图 8.18　选择"AVERAGE"函数

❷ 在弹出的【函数参数】对话框的【Number1】文本框中直接输入"B3：F3"，如图 8.19 所示。

❸ 按 Ctrl + Enter 组合键，一次性完成公式的输入，H3:H10 单元格区域中会显示

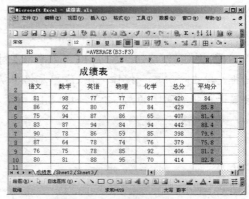

图 8.20　平均分的输出结果

8.2　管理数据

Excel 提供了多种工具帮助用户管理和操作数据。数据的管理和操作主要包括：

- 根据需要对数据进行排序。
- 根据特定条件筛选数据列表，使其只显示特定的行。
- 数据的分类汇总。
- 插入公式计算等。

8.2.1　数据的排序

Excel 可以按照用户需要对数据进行升序或降序排列。按升序排序的默认顺序是：

（1）数值按从小到大；

（2）文本按字母先后顺序；

（3）逻辑值按 False 在前，True 在后；

（4）空格始终排在最后。

按降序排序时，除空格总排在最后之外，其他顺序正好相反。

1. 按一列排序

按一列排序是最简单最常用的排序方法，即对某一列的数据进行升序或降序排列。

下面按照"成绩表.xls"的总分从高到低的顺序排序，步骤如下。

❶ 单击数据区域中的任意一个单元格。选择【数据】→【排序】命令，如图 8.21 所示，弹出【排序】对话框如图 8.22 所示。

图 8.22　【排序】对话框

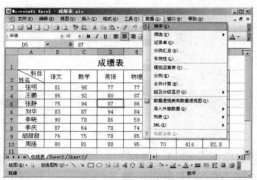

图 8.21　【排序】命令

❷ 在【主要关键字】下拉列表中选择"总分"，并选择【降序】单选框，如图 8.22 所示。单击 确定 按钮，排序结果如图 8.23 所示。

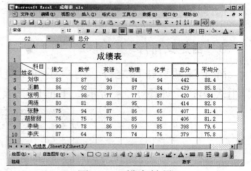

图 8.23　排序结果

> **｜ 提　示 ｜**
>
> 也可以直接单击"总分"列中的任意一个单元格（空单元格除外），然后单击【常用工具栏】中的【降序】按钮即可，此方法更简捷。

> **｜ 练一练 ｜**
>
> 按"语文"成绩从低到高进行升序排列。

2. 按多列排序

按一列排序时，经常遇到同一列多条数据相同的情况。若想进一步排序，就可以按多列排序。Excel 可以对不超过 3 列的数据进行多列排序步骤是。

❶ 单击数据区域中的任意一个单元格，选择【数据】→【排序】命令，弹出【排序】对话框，如图 8.24 所示。

❷ 在【主要关键字】下拉列表中选择"总分"，在【次要关键字】下拉列表中选择"语文"，并选择【降序】单选框，如图 8.24 所示。

图 8.24　设置多列排序方式

❸ 单击 确定 按钮，排序结果如图 8.25 所示。表中数据先按"总分"降序排列，"总分"相同时，再按"语文"降序排列。

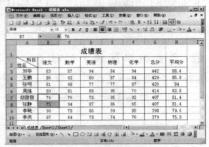

图 8.25　多列排序结果

3. 自定义排序

除上述两种排序之外，用户还可以使用自定义排序。打开"表格素材\各部门第一季度费用表.xls"，如图 8.26 所示。下面以此表为例说明自定义排序的步骤。

图 8.26　表格素材\各部门第一季度费用表.xls

❶ 选择【工具】→【选项】命令，如图 8.27 所示，弹出【选项】对话框。选择【自定义序列】选项卡，在【输入序列】文本框中输入自定义序列"销售 财务 企划 后勤"，如图 8.28 所示。单击 添加(A) 按钮，然后单击 确定 按钮。

❷ 单击工作表中的任意一个单元格，选择【数据】→【排序】命令，弹出【排序】对话框。在【主要关键字】中选择"列

A"，并选择【升序】单选框。

图 8.27　【选项】命令

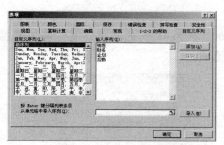

图 8.28 自定义序列

图 8.29 选择自定义排序次序

❸ 单击 选项(O)... 按钮，在弹出的【排序选项】对话框的【自定义排序次序】下拉列表中选择自定义的序列"销售，财务，企划，后勤"，如图 8.29 所示，单击 确定 按钮。

❹ 单击【排序】对话框中的 确定 按钮，排序结果如图 8.30 所示。

图 8.30 排序结果

8.2.2 数据的筛选

筛选数据就是根据特定条件，暂时隐藏工作表中不满足条件的记录，只显示满足条件的记录。数据的筛选有自动筛选和高级筛选两种方式，自动筛选是极其简便的方法，而高级筛选可规定很复杂的筛选条件。

1. 自动筛选

通过自动筛选，用户可以筛选掉不想看或不想打印的数据。下面以"表格素材\日销售报表.xls"为例，如图 8.31 所示，让表中只显示折扣为 0.35 的数据信息，操作步骤如下。

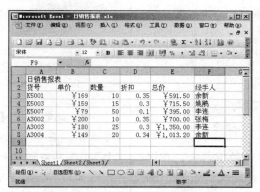

图 8.31 表格素材\日销售报表.xls

❶ 单击单元格 D3，选择【数据】→【筛选】→【自动筛选】命令，如图 8.32 所示。

图 8.32 【自动筛选】命令

❷ 此时在每个字段名的右边都会有一个下箭头，单击"折扣"右边的下箭头。在弹出的下拉列表中选择"0.35"选项，如图 8.33 所示。

❸ 筛选后的工作表如图 8.34 所示，只

显示折扣为 0.35 的数据信息，其他数据都被隐藏。

图 8.33 设置筛选条件

图 8.34 自动筛选后的效果

提 示

使用自动筛选的字段，字段名右边的下箭头会变为蓝色。

如果用户想筛选出总价大于 1000 的信息，上述方法无法实现。用户可以通过自动筛选中的自定义筛选条件筛选出总价大于 1000 的选项，步骤如下。

❶ 首先取消对"折扣"的自动筛选：单击其右边的下箭头，在弹出的下拉列表中选择"全部"选项，如图 8.35 所示。

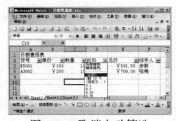

图 8.35 取消自动筛选

❷ 单击"总价"右边的下箭头，在弹出的下拉列表中选择"自定义"选项，如图 8.36 所示。

图 8.36 自定义筛选

❸ 此时弹出【自定义自动筛选方式】对话框，在第一行的条件选项中选择"大于"，在其右边的列表框中输入"1000"，如图 8.37 所示，单击 确定 按钮。自定义自动筛选后的效果如图 8.38 所示。

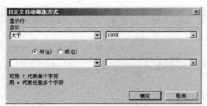

图 8.37 【自定义自动筛选方式】对话框

图 8.38 筛选结果

2. 使用高级筛选

如果用户想要筛选出数量大于 10、折扣大于 0.1、总价大于 500 的信息，自定义自动筛选需要分别对单个条件进行筛选，操作起来非常麻烦。此时用户可以使用 Excel 的高级筛选功能。

使用高级筛选之前应先建立一个条件区域。条件区域至少有三个空白行，首行包含的字段名必须拼写正确，只要包含有作为筛选条件的字段名即可。条件区域字段名下面的一行用来输入筛选条件，另一行作为空行，把条件区域和数据区域分开。具体步骤如下。

在第 1 行前插入 3 行，在 C1、D1、E1 单元格中分别输入"数量"、"折扣"、"总价"，在 C2、D2、E2 单元格中输入筛选条件，如图 8.39 所示，建立好一个条件区域。

通过高级筛选功能选出数量大于 10、折扣大于 0.1、总价大于 500 的信息，步骤如下。

❶ 建立条件区域，然后在条件区域中设置筛选条件，如图 8.39 所示。

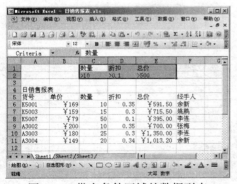

图 8.39 带有条件区域的数据列表

❷ 单击任意一个单元格，但不能单击条件区域与数据区域之间的空行。

❸ 选择【数据】→【筛选】→【高级筛选】命令，如图 8.40 所示，弹出【高级筛选】对话框，如图 8.41 所示。

图 8.40 【高级筛选】命令

图 8.41 【高级筛选】对话框

❹ 分别单击【列表区域】和【条件区域】文本框右边的 按钮，然后进行设置，

如图 8.42 和图 8.43 所示。

图 8.42　设置【列表区域】

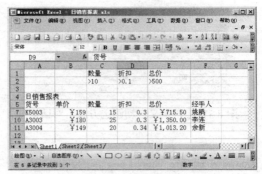

图 8.43　设置【条件区域】

❺ 单击 确定 按钮，筛选结果如图 8.44 所示。

图 8.44　筛选结果

| 提 示 |

在选择【条件区域】时一定要包含【条件区域】的字段名。

在高级筛选中，还可以将筛选结果复制到工作表的其他位置，工作表中既可显示原始数据，又可显示筛选后的结果。具体的操作步骤如下。

❶ 建立条件区域，然后在条件区域中设置筛选条件。

❷ 单击任意一个单元格，选择【数据】→【筛选】→【高级筛选】命令，弹出【高级筛选】对话框，勾选【将筛选结果复制到其他位置】单选框，设置【列表区域】和【条件区域】，如图 8.45 所示。

如图 8.46 所示。单击 按钮，返回【高级筛选】对话框，单击 确定 按钮，复制后的筛选结果如图 8.47 所示。

图 8.46　选择复制位置

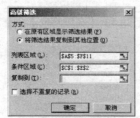

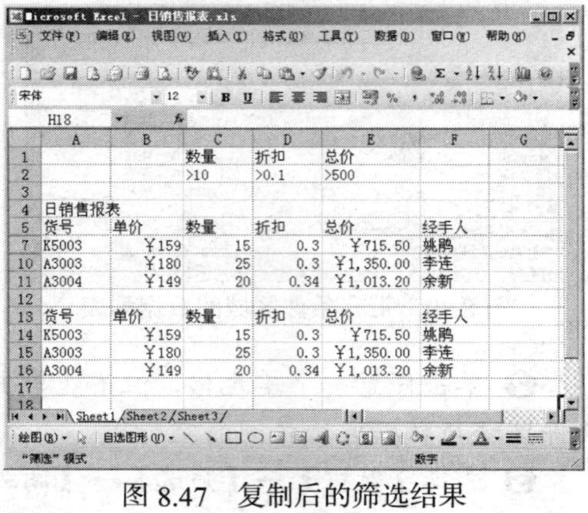

图 8.45　【高级筛选】对话框

❸ 单击【复制到】文本框右边的 按钮，然后在数据区域外单击任意一个单元格。

图 8.47　复制后的筛选结果

162

8.2.3 数据的分类汇总

Excel 的分类汇总功能可以十分轻松地汇总数据。下面以"表格素材\日销售报表.xls"为例，介绍创建简单分类汇总的步骤。

❶ 单击要分类汇总的数据区域中任意一个单元格，选择【数据】→【分类汇总】命令，弹出【分类汇总】对话框。

❷ 在【分类字段】下拉列表中选择"货号"，表示以"货号"进行分类汇总，在【汇总方式】下拉列表中选择"求和"，在【选定汇总项】列表框中选择"总价"，如图 8.48 所示。单击 确定 按钮，分类汇总的结果如图 8.49 所示。

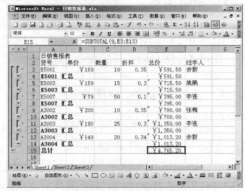

图 8.49 分类汇总的结果

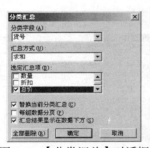

图 8.48 【分类汇总】对话框

清除分类汇总时，可以按照如下步骤进行。

❶ 单击要分类汇总的数据区域中任意一个单元格。

❷ 选择【数据】→【分类汇总】命令，

在弹出的【分类汇总】对话框中单击 全部删除(R) 按钮，最后单击 确定 按钮即可。

| 提 示 |

对数据列表中某一列进行分类汇总时，若该列没有按一定顺序排列，则应先排序。

8.3　用图表分析数据

图表是日常办公中最常用的工具之一。Excel 2003 中文版具有许多高级的制图功能，使数据更加有趣、更加直观、易于阅读和接受评价，帮助用户比较和分析数据。

8.3.1　创建图表

用户可以利用快捷键、【图表工具栏】或【图表向导】来创建图表。快捷键和【图表工具栏】可以快捷地创建简单的图表，而【图表向导】则可创建 Excel 的所有图表。

1．使用快捷键创建图表

这是一种最简单的创建图表方法，以"表格素材\各部门第一季度费用表.xls"为例，如图 8.50 所示，操作步骤如下。

选择数据区域，这里选择 A2：D6。按 F11 键，插入一个新的图表工作表（名为 Chart1），Excel 会根据选择的数据显示图表，如图 8.51 所示。

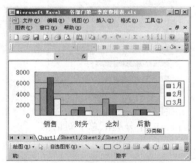

图 8.50　各部门第一季度费用表　　　　图 8.51　通过快捷键创建图表

2．使用【图表工具栏】创建图表

选择【视图】→【工具栏】命令，在弹出的菜单中选择【图表】选项，即可打开【图表工具栏】，如图 8.52 所示。

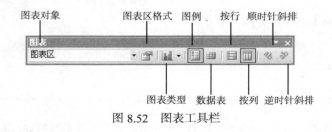

图 8.52　图表工具栏

【图表对象】：单击右边的下箭头，在列表中选择各种在图表中需要修改的元素。

【图表区格式】：单击该按钮，设置所选图表区的格式。

【图表类型】：单击该按钮右边的下箭头，选择不同的图表类型。

【图例】：单击该按钮，可以在绘图区的右侧添加图例，并改变绘图区的大小。如果图表已有图例，单击该按钮将删除图例。

【数据表】：单击该按钮，在图表中添加数据的列表。

【按行】：根据多行数据绘制图表的数据系列。

【按列】：根据多列数据绘制图表的数据系列。

【斜排文字向下】：单击该按钮，使所选文字向下旋转 45 度。

【斜排文字向上】：单击该按钮，使所选文字向上旋转 45 度。

以"表格素材\各部门第一季度费用表.xls"为例，操作步骤是。

❶ 选择数据区域，这里选择 A2：D6，如图 8.53 所示。

❷ 单击【图表工具栏】中【图表类型】按钮右边的下箭头，弹出图表类型列表，选择【柱形图】按钮，如图 8.54 所示。

❸ 创建的图表如图 8.55 所示。

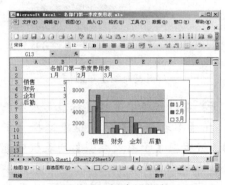

图 8.55　创建的图表

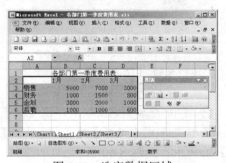

图 8.53　选定数据区域

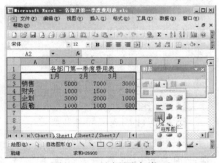

图 8.54　选择图表类型

3. 使用【图表向导】创建图表

虽然使用前面两种方法创建图表非常简捷，但所提供的图表却很有限，而使用【图表向导】能创建更为丰富的图表。

以"表格素材\各部门第一季度费用表.xls"为例，使用【图表向导】创建图表的步骤如下。

❶ 选择数据单元格区域 A2：D6，单击【常用工具栏】中的【图表向导】 按钮或选择【插入】→【图表】命令，弹出【图表向导-4 步骤之 1-图表类型】对话框，如图 8.56 所示。

图 8.56 【图表向导-4 步骤之
1-图表类型】对话框

❷ 在对话框中选择【标准类型】选项卡，在【图表类型】列表框中选择【折线图】，然后在【子图表类型】列表框中选择"数据点折线图"，如图 8.57 所示。单击 按下不放可查看示例(V) 按钮，可以查看选择图表类型后建立的图表的示例图，如图 8.58 所示。

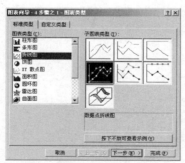

图 8.57 选择"数据点折线图

❸ 单击 下一步(N) > 按钮，弹出【图表向导-4 步骤之 2-图表源数据】对话框，勾选【列】单选框，如图 8.59 所示。

用户要根据需要修改数据区域，则可单击【数据区域】文本框右边的 按钮，回到工作表中重新选择区域。

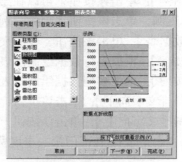

图 8.58 图表的示例图

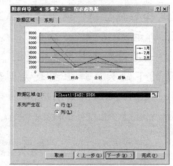

图 8.59 【图表向导-4 步骤之
2-图表源数据】对话框

❹ 单击 下一步(N) > 按钮，弹出【图表向导-4 步骤之 3-图表选项】对话框，单击【标题】选项卡，如图 8.60 所示。

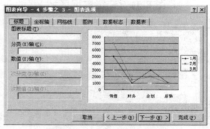

图 8.60 【图表向导-4 步骤之
3-图表选项】对话框

在此用户可以设置图表的大多数选项，它包括【标题】、【坐标轴】、【网格线】、【图例】、【数据标志】和【数据表】6 个选项卡。

❺ 在【图表标题】文本框中输入"各部门第一季度费用表"，单击 下一步(N) > 按钮，弹出【图表向导-4 步骤之 4-图表位置】对话框，如图 8.61 所示。

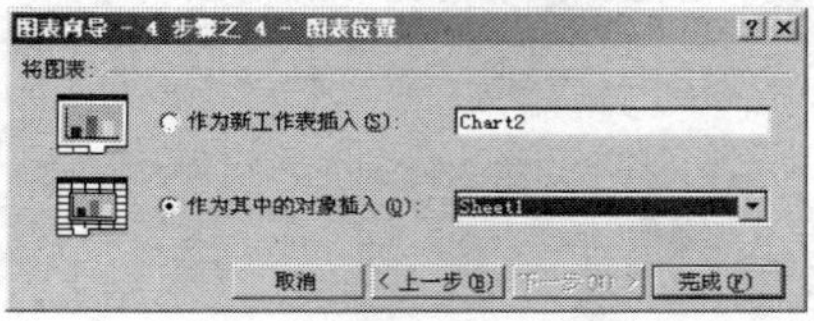

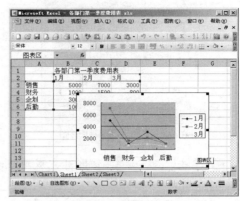

图 8.61 【图表向导-4 步骤之 4-图表位置】对话框

图 8.62 所示。

图 8.62 创建的图表

❻ 单选【作为其中的对象插入】项，并在它右边的下拉列表中选择需要的工作表标签。若选择【作为新工作表插入】单选框，则插入一个新的工作表。

❼ 单击 完成(F) 按钮，创建的图表如

| 提 示 |

折线图是最适合反映数据之间量的变化快慢的一种图表类型。

| 练一练 |

采用其他图表类型试一试，注意观察使用后的效果。

8.3.2 修改图表

图表类型的选择相当重要，选择一个最佳的图表类型有助于用户更清晰地分析数据的变化趋势及差异。如果用户不满意所选图表类型，可以进行更改。

1. 更改图表类型

图 8.62 是上节创建的折线图，下面以此为例说明更改图表类型的操作步骤。

---

❶ 选择需要更改类型的图表，然后选择【图表】→【图表类型】命令，如图 8.63 所示。

❷ 弹出【图表类型】对话框，单击【图表类型】列表框中的"柱形图"，在【子图表类型】列表框中选择"堆积柱形图"，如图 8.64 所示。

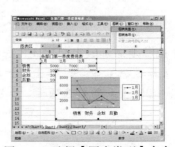

图 8.63 选择【图表类型】命令

图 8.64 选择"堆积柱形图"

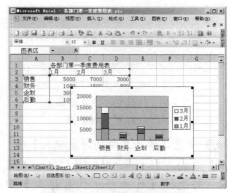

图 8.65 更改类型后的图表

❸ 单击 确定 按钮即可完成更改，如图 8.65 所示。

2. 移动图表位置和调整图表大小

用户可以使用鼠标调整图表的位置和大小，方法是：

选择要移动的图表，按住鼠标左键并拖动至满意位置松手，即可实现图表移动。将鼠标指向尺寸调整柄（即黑色小方块），当鼠标变成双箭头时，拖动即可调整大小。

3. 向图表添加或删除数据

若用户已经创建了图表，又需要在工作表中添加一些数据并在图表中显示出来，如在工作表中添加名称为"4月"的数据系列，如图 8.66 所示，可以按下面的步骤操作。

图 8.66 在工作表中添加数据

❶ 选择要添加数据的图表。选择【图表】→【源数据】命令，弹出【源数据】对话框，选择【系列】选项卡，如图 8.67 所示。

❷ 单击 添加(A) 按钮，在【名称】文本框中输入"4月"，如图 8.68 所示。单击【值】文本框右边的【数据范围】按钮，在工作表中选择要添加的数据系列，如图 8.69 所示，然后单击【返回】按钮，返回到【系列】选项卡，单击 确定 按钮即可。

添加数据系列后的图表如图 8.70 所示。

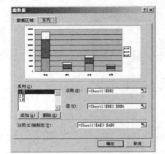

图 8.67 【系列】选项卡

图 8.69 选择要添加的数据系列

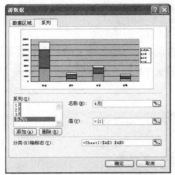

图 8.68 输入添加的数据系列名称

图 8.70 添加了数据系列后的图表

用复制的方法向图表中添加数据系列是最方便的方法，步骤如下。

❶ 选择要添加数据所在的单元格区域，如图 8.71 所示。

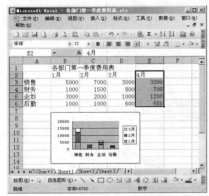

图 8.71 选择单元格区域

❷ 按 Ctrl＋C 组合键【复制】。

❸ 选择要添加数据的图表，如图 8.72 所示。

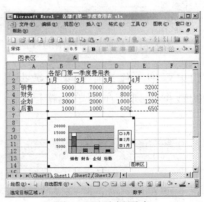

图 8.72 选择图表

❹ 按 Ctrl＋V 组合键【粘贴】，效果如图 8.73 所示。

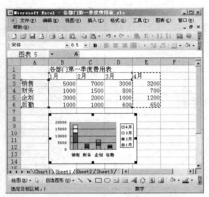

图 8.73　添加数据系列后的图表效果

删除数据的操作很简单。如果只删除图表中的数据系列，那么单击图表中要删除的数据系列（如"4 月"，选中后以淡蓝色显示该区域），如图 8.74 所示，然后按 Delete 键即可。如图 8.75 所示。

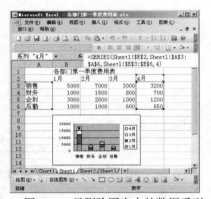

图 8.74　只删除图表中的数据系列

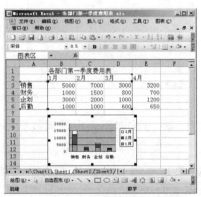

图 8.75　删除图表中数据后的效果

如果要把工作表中的某个数据系列与图表中的数据系列一起删除，那么先选择工作表中的数据系列所在的单元格区域，如图 8.76 所示，然后按 Delete 键即可。如图 8.77 所示。

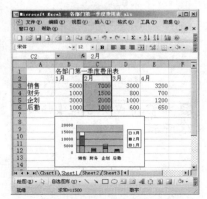

图 8.76　选择单元格区域

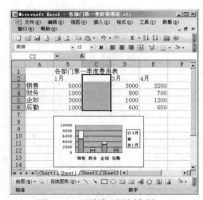

图 8.77　删除后的效果

8.4　打印工作表

工作表制作完成后可以打印输出。用户可以在打印预览窗口中设置打印格式，在工作表打印出来之前观看打印效果，以达到理想的打印效果。

8.4.1　打印预览

打印之前可以使用打印预览功能查看打印效果，方法有以下几种：

■　单击【常用工具栏中】的【打印预览】按钮；或者按住 Shift 键，单击【常用工具栏】中的【打印】按钮。

■　选择【文件】→【打印预览】命令。

■　选择【文件】→【打印】命令或按 Ctrl+P 组合键，弹出【打印内容】对话框，如图 8.78 所示，单击 预览(W) 按钮。

■　选择【文件】→【页面设置】命令，弹出【页面设置】对话框，如图 8.79 所示。单击 打印预览(W) 按钮。

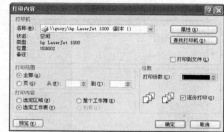

图 8.78　【打印内容】对话框

在打印预览窗口中，鼠标指针的形状是一个放大镜，单击一下工作表将放大，再次单击工作表将还原，如图 8.80 所示。

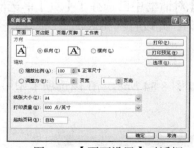

图 8.79　【页面设置】对话框

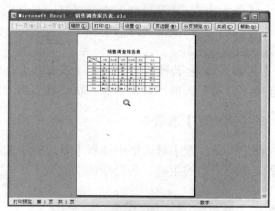

图 8.80　打印预览窗口

8.4.2　打印设置

如果用户发现预览窗口显示出来的打印效果不佳，如图 8.81 所示，可以直接在预览窗口中修改设置。

单击预览窗口中的 页边距(M) 按钮，Excel 会在预览图像上增加标记指示列宽和页边距，如图 8.81 所示。拖拉列或页边距标记调整打印效果，如图 8.82 所示。拖拉这些标记后，预览窗口中的改变也会在工作表中有所反映。

单击预览窗口中的 设置(S)... 按钮，弹出【页面设置】对话框，包含 4 个选项卡，分别是：

1.【页面】选项卡

如图 8.83 所示，该选项卡中各个选项的含义如下。

【方向】：选择是【纵向】还是【横向】打印。

【缩放】：选择从 10%到 400%的缩放比例，100%是正常尺寸打印。选择【调整为】，可以分别设置【页高】和【页宽】的比例。

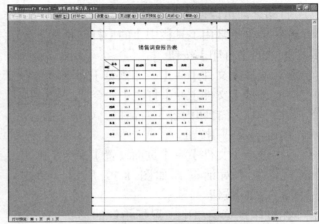

图 8.81　直接在预览窗口中调整列宽或者页边距　　　　　图 8.82　调整后的效果

【纸张大小】：从下拉列表中选择打印纸张的类型。

【打印质量】：根据实际需要从下拉列表的 300 点/英寸、600 点/英寸中选择一个，600 点/英寸的质量最好。

【起始页码】：若使首页页码为 1 或者在【打印内容】对话框中已选择了【页】单选框，可选择"自动"选项。如果不想在页眉或页脚上打印页码，此设置则无效。

2.【页边距】选项卡

在【页面设置】对话框中选择【页边距】选项卡，如图 8.84 所示。在该选项卡中可以调整文档到页边的距离，各选项的功能如下。

图 8.83　【页面】选项卡　　　　　　　　图 8.84　【页边距】选项卡

【上】、【下】、【左】、【右】：用来设置页边距。

【页眉】、【页脚】：用来设置页眉和页脚的位置。

【居中方式】：用来设置文档内容是否居中以及如何居中。

｜ 提 示 ｜

页眉、页脚的位置设置应小于对应的边缘，否则页眉、页脚可能覆盖文档的内容。

3. 【页眉/页脚】选项卡

页眉位于每一页的顶端，用于标明名称和报表标题；页脚位于每一页的底部，用于标明页号及打印日期、时间等。页眉和页脚可以根据需要设置。在【页面设置】对话框中选择【页眉/页脚】选项卡，从中添加、删除、更改和编辑页眉/页脚，如图 8.85 所示。单击【页眉】或【页脚】文本框右边的下箭头箭头，从下拉列表中选择 Excel 内部提供的页眉或页脚的格式，如图 8.86 所示。

图 8.85 【页眉/页脚】选项卡

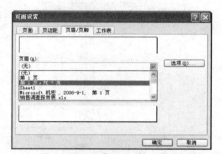

图 8.86 使用内部的【页眉】和【页脚】格式

4. 【工作表】选项卡

单击【页面设置】对话框中的【工作表】选项卡，如图 8.87 所示，设置【打印区域】、【打印标题】、【打印】、【打印顺序】等。各选项的功能如下。

【打印区域】：用于选定工作表中要打印的区域。可以直接在编辑栏中输入选定区域的引用，也可以单击编辑栏右边的按钮，在工作表上用鼠标选定区域，然后单击按钮返回到【工作表】选项卡窗口。

图 8.87 【工作表】选项卡

【打印标题】：用于选择或者直接输入每一页上要打印相同标题的行和列。

【网格线】：用于打开或者关闭网格线。

【单色打印】：如果是黑白打印机，请复选此项；如果是彩色打印机，选择该项可以节省打印的时间。

【按草稿方式】：选择此项可以减少打印的时间，但同时也降低了打印的质量。此方式不打印网格线和大多数图表。

【行号列标】：选中此项时，打印页中将包括行号和列标。

【批注】：用于打印单元格批注。可在下拉列表中选择打印的方式。

【打印顺序】：为超过一页的工作表选择打印的顺序。

| 提 示 |

将几个打印区域打印在同一张纸上的最好方法是先将这几个区域复制到同一张工作表上打印。

8.5 应用实例——部门开销情况统计

打开"表格素材\部门开销情况统计表.xls",如图 8.88 所示,下面对该表进行数据的分析和管理。

图 8.88 部门开销情况统计表

（1）首先统计出哪个月的开销最大。

单击"合计"列中任意一个单元格（空单元格除外），然后单击【常用工具栏】中的【降序】按钮即可。排序结果如图 8.89所示。显然，12 月的开销最大。

图 8.89 排序结果

（2）统计出销售部费用超过 5000 的信息。

❶ 单击任意一个单元格。选择【数据】→【筛选】→【自动筛选】命令。此时在每个字段名的右边都会有一个下箭头，单击"销售"右边的下箭头。在弹出的下拉列表中选择"自定义"选项，如图 8.90所示。

❷ 弹出【自定义自动筛选方式】对话框，在第一行的条件选项中选择"大于"，在右边列表框中输入"5000"，如图 8.91 所示。单击 确定 按钮，统计销售部费用超过 5000 的情况如图 8.92 所示。

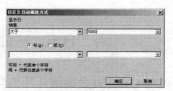

图 8.91 【自定义自动筛选方式】对话框

图 8.90 自定义筛选

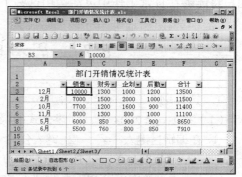

图 8.92 筛选结果

（3）分类汇总平均费用。

❶ 选择【数据】→【筛选】→【自动筛选】命令即可取消筛选，如图 8.93 所示。选择【数据】→【分类汇总】命令，弹出【分类汇总】对话框。

图 8.94 【分类汇总】对话框

如图 8.95 所示，显然平均费用为 8901.66667。

图 8.93 取消筛选效果

❷ 在【分类字段】下拉列表中选择"列A"，在【汇总方式】下拉列表中选择"平均值"，在【选定汇总项】列表框中选择"合计"，如图 8.94 所示。单击 确定 按钮，

图 8.95 分类汇总的结果

8.6　本 讲 小 结

通过对 Excel 办公高级应用的学习，用户应重点掌握公式与函数的应用，数据的排序、筛选、分类汇总，图表的使用及打印工作表的操作。通过对 Excel 由浅入深的系统学习，用户将能够在日常工作中灵活运用这些工具，提高工作效率和质量。

8.7　思考与练习

1. 选择题

（1）在 Excel 2003 中，创建公式的操作步骤是（　　　　）。

① 在编辑栏键入"="　② 键入公式　③ 按【Enter】键　④ 选择需要创建公式的单元格

    A．④③①②　　　　B．④①②③　　　　C．④①③②　　　　D．①②③④

（2）在 Excel 中，若想对数据进行排序，应当使用的菜单命令是（　　　　）。

    A．文件　　　　　B．编辑　　　　　C．工具　　　　　D．数据

2. 填空题

（1）如果 A1：A5 包含数字 9、46、50、40 和 10，则 MAX（A1：A5）=（　　　　）。

（2）在 Excel 中，要统计一行数值的总和，可以采用（　　　）函数。

（3）在【编辑栏】中显示的 3 个工具按钮分别是：▣表示（　　　），☑表示输入，*fx* 表示（　　　）。

（4）Excel 提供的两种筛选方式是（　　　）和（　　　）。

（5）在 Excel 中，如果要对数据进行分类汇总，必须先对分类字段进行（　　　）操作。

3. 判断题

（1）对于选定的区域，若要一次性输入同样的数据或公式，可在该区域输入数据或公式，然后按【Ctrl】+【Enter】键，即可完成操作。　　　　　　　　　　　　　（　　）

（2）Excel 图表建立后，可以改变图表对象（如大小、位置等）。　　　　　（　　）

4. 上机操作题

打开"表格素材\北京奥运会奖牌榜.xls"文件，如图 8.96 所示。操作要求如下：

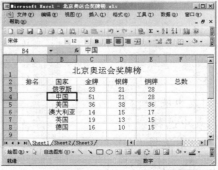

图 8.96　表格素材\北京奥运会奖牌榜.xls

（1）利用公式计算各国奖牌总数。

（2）按"金牌"降序排列，并快速填充"排名"，效果如图 8.97 所示。

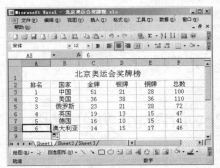

图 8.97　效果图 1

（3）筛选出奖牌"总数"大于或等于 50 的国家信息，效果如图 8.98 所示。

（4）把前 6 个国家按金牌数目作成"饼图"，效果如图 8.99 所示。

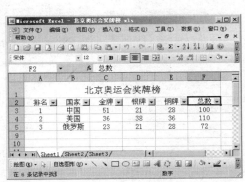

图 8.98　效果图 2

图 8.99　效果图 3

第**9**讲　PowerPoint 办公应用

▶ **本讲要点**

- PowerPoint 2003 的工作界面
- 演示文稿的基本操作
- 在幻灯片中插入对象
- 在幻灯片中加入动画和超链接
- 打印幻灯片

▶ **快速导读**

　　PowerPoint 是制作和演示幻灯片的软件，能够制作出集文字、图形、图像、声音以及视频剪辑等多媒体元素于一体的演示文稿。用户可以把自己所要表达的信息组织在一组图文并茂的画面中，用于介绍公司的产品、展示自己的学术成果等。本讲对 PowerPoint 2003 的工作界面，演示文稿的基本操作，插入对象、动画和超级链接的设置以及幻灯片的打印等内容进行了系统而深入的介绍。

9.1   使用 PowerPoint 2003

Microsoft 公司 1990 年推出第一款 PowerPoint 工具软件，随着信息化办公技术的成熟，Microsoft 公司在技术方面也在不断改进，PowerPoint 2003 就是新一代的产品。因其友好的用户界面、强大的功能，为各个行业的用户广泛采用。

9.1.1 启动 PowerPoint 2003

单击【开始】→【程序】→【Microsoft Office】→【Microsoft Office PowerPoint 2003】图标，即可启动 PowerPoint 2003，如图 9.1 所示。

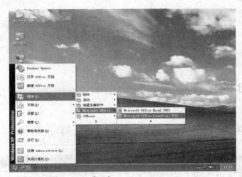

图 9.1 启动 PowerPoint 2003

| 提 示 |

为了启动方便，用户可以将【Microsoft Office PowerPoint 2003】图标拖至桌面，启动时只需在桌面双击【Microsoft Office PowerPoint 2003】图标或右键单击该图标，在弹出的菜单中选择【打开】命令，如图 9.2 所示。

图 9.2 利用右键菜单启动 PowerPoint 2003

9.1.2 退出 PowerPoint 2003

单击【标题栏】中的【关闭】按钮，或者选择【文件】→【退出】命令，即可退出 PowerPoint

2003，如图 9.3 所示。

图 9.3　退出 PowerPoint 2003

9.1.3　PowerPoint 2003 的工作环境

启动程序后，屏幕上将显示 PowerPoint2003 的友好工作界面，如图 9.4 所示。

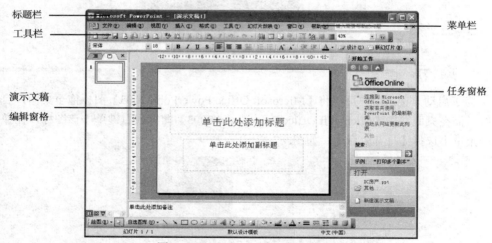

图 9.4　PowerPoint 2003 的工作界面

1. 标题栏

PowerPoint 2003 标题栏位于窗口的最上方，最左边是应用程序图标、应用程序名称和正在编辑的文件名称，右边的 3 个按钮从左到右分别是【最小化】、【最大化】和【关闭】按钮，和其他 Windows 应用程序是一样的，如图 9.5 所示。

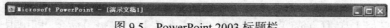

图 9.5　PowerPoint 2003 标题栏

2. 菜单栏

PowerPoint 2003 的菜单栏共有 9 个菜单：【文件】、【编辑】、【视图】、【插入】、【格式】、【工具】、【表格】、【窗口】、【帮助】和一个【键入需要帮助的问题】输入框，如图 9.6 所示。用鼠标单击每个菜单，都能弹出一个下拉菜单，菜单中包含了 PowerPoint 2003 的全部操作指令。

图 9.6　PowerPoint 2003 菜单栏

3. 工具栏

菜单栏下方就是 PowerPoint 2003 的工具栏，工具栏上面有 PowerPoint 2003 提供的常用工具，方便用户操作，如图 9.7 所示。

图 9.7　PowerPoint 2003 工具栏

| 提 示 |

单击工具栏上的按钮，能够快速完成相应的操作。PowerPoint 2003 提供了良好的帮助提示，将鼠标指针移动到工具按钮上面，停留一下，该按钮的下方会显示出按钮的名称，如图 9.8 所示。

图 9.8　工具按钮提示

4. 演示文稿编辑窗格

编辑演示文稿是在【演示文稿编辑窗格】内进行的，如图 9.9 所示。

PowerPoint 2003 给用户提供了非常友好的编辑界面，实时展示编辑效果，为用户提供更便捷的服务。利用 PowerPoint 2003 的工具，用户可以轻松制作出符合要求的演示文稿。

5. 任务窗格

【任务窗格】是一个很得力的助手，为用户提供了多项功能。单击【开始工作】按钮，在弹出的下拉框中可以选择【帮助】、【搜索结果】、【剪贴画】、【信息检索】、

图 9.9　演示文稿编辑窗格

【剪贴板】、【新建演示文稿】、【模板帮助】、【共享工作区】、【文档更新】、【幻灯片版式】、【幻灯片设计】、【幻灯片设计】、【配色方案】、【幻灯片设计 – 动画方案】、【自定义动画】和【幻灯片切换】等命令，如图 9.10 所示。窗格根据用户选择的命令显示相应的选项卡，如图 9.11 所示为【应用幻灯片版式】选项卡。

图 9.10 【开始工作】下拉框

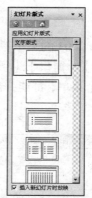

图 9.11 【应用幻灯片版式】选项卡

9.2 PowerPoint 2003 视图方式

为了方便用户编辑、浏览和放映幻灯片，PowerPoint 2003 提供了 3 种视图方式。

9.2.1 普通视图

选择【视图】→【普通】命令或者单击水平滚动条上的 按钮，即可切换到普通视图。在此视图中，用户可以对一张幻灯片进行浏览、编辑，如图 9.12 所示。

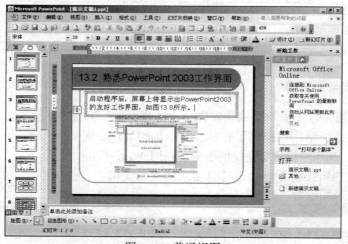

图 9.12 普通视图

9.2.2 幻灯片浏览视图

选择【视图】→【幻灯片浏览】命令或者单击水平滚动条上的 按钮，即可切换到幻灯片浏览视图。在此视图中，用户可对多张幻灯片进行浏览、编辑，如图 9.13 所示。

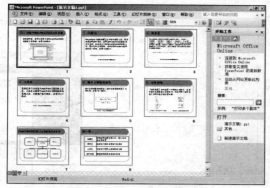

图 9.13　幻灯片浏览视图

9.2.3　幻灯片放映视图

选择【视图】→【幻灯片放映】命令或者单击水平滚动条上的 ⬚ 按钮，即可切换到幻灯片放映视图。用户可在此视图中浏览放映的幻灯片，如图 9.14 所示。

图 9.14　幻灯片放映视图

9.3　创建和编辑演示文稿

PowerPoint 2003 具有强大的功能，用户可以轻松定义幻灯片的版式，便利地输入文稿的标题和正文，创建和编辑演示文稿。

9.3.1　使用向导创建演示文稿

用户可以按照演示文稿的内容和类别选择一套 PowerPoint 2003 提供的模板，模板一般由 7~10 张有简单动画效果的幻灯片组成，并且附带一个基本的大纲。

在【任务窗格】中单击 **开始工作** ▼ 按钮，在下拉框中选择【新建演示文稿】，弹出【新建演示文稿】选项卡，如图 9.15 所示，在【新建演示文稿】选项卡中单击【根据内容提示向导】命令，弹出【内容提示向导】对话框，如图 9.16 所示。

图 9.15 【新建演示文稿】选项卡

图 9.16 【内容提示向导】对话框

在【内容提示向导】对话框中单击 下一步(N) 按钮，进入【演示文稿类型】对话框，如图 9.17 所示。在【演示文稿类型】对话框中，用户可根据自己的需要选择适应的演示文稿类型，在此选择【培训】，单击 下一步(N) 按钮，进入【演示文稿样式】对话框，如图 9.18 所示。

图 9.17 【演示文稿类型】对话框

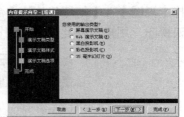

图 9.18 【演示文稿样式】对话框

在此对话框中，PowerPoint 2003 为用户提供了【屏幕演示文稿】、【Web 演示文稿】、【黑白投影机】、【彩色投影机】和【35 毫米幻灯片】等 5 种输出类型，选择【屏幕演示文稿】，然后单击 下一步(N) 按钮，进入【演示文稿选项】对话框，如图 9.19 所示。【演示文稿标题】文本编辑框中可以输入文稿的标题，输入"使用向导创建演示文稿"，【页脚】文本编辑框中可以输入幻灯片的页脚，输入"信息化办公培训"，单击 下一步(N) 按钮，进入【完成】对话框，如图 9.20 所示。

图 9.19 【演示文稿选项】对话框

图 9.20 【完成】对话框

最后单击 完成(F) 按钮，PowerPoint 2003 将自动生成附带大纲的 9 张幻灯片，如图 9.21 所示。

要保存演示文稿，选择【文件】→【保存】命令或者单击 按钮，弹出【另存为】对话框，如图 9.22 所示。选择要保存文件的文件夹，在【文件名】文本编辑框输入自定义的文件名，在此输入"演示文稿 1"，然后单击 保存(S) 按钮，PowerPoint 2003 将在指定文件夹建立一个名为"演示文稿 1"的演示文稿文件，后缀名为".ppt"，如图 9.23 所示。

图 9.21　生成的幻灯片

图 9.22　【另存为】对话框

图 9.23　演示文稿 1

| 提　示 |

新建演示文稿的快捷键为：Ctrl+N；

新建一张幻灯片的快捷键为：Alt+N；

保存演示文稿的快捷键为：Ctrl+S。

9.3.2　使用模板创建演示文稿

模板可以为演示文稿提供完整、专业的外观。PowerPoint 2003 为用户提供了【幻灯片版式】和【幻灯片设计】两种类型的模板。

1. 幻灯片版式模板

单击【任务窗格】中的 开始工作 ▼ 按钮，在下拉框中选择【幻灯片版式】，即可显示出【应用幻灯片版式】选项卡，如图 9.24 所示。

在【应用幻灯片版式】下拉框中可以选择相应的幻灯片内容版式，当鼠标滑过下拉框里的版式时，还将弹出版式适用的条件，极大地方便了用户的选择。用户选择了相应的版式，只需单击该版式，就可以将幻灯片定义为相应的版式，如图 9.25 所示。

| 提　示 |

此种模板只能定义幻灯片的版式，不能定义幻灯片的背景颜色、文字格式等。

---

2. 幻灯片设计模板

在【任务窗格】中单击 开始工作 ▼ 按钮，在下拉框中选择【幻灯片设计】，在【应用设计模板】选项卡中有很多模板，用户可以根据需要选择。图 9.26 为【应用设计模板】选项卡。单击模板，幻灯片将自动变为模板定义的样式，如图 9.27 所示。

图 9.24 【应用幻灯片版式】选项卡

图 9.25 用【应用幻灯片版式】定义幻灯片版式

图 9.26 【应用设计模板】选项卡

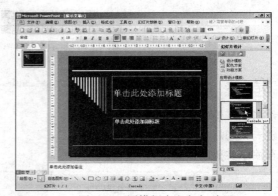

图 9.27 用模板定义幻灯片

| 提 示 |

除了 PowerPoint 2003 自带的模板外，用户也可以单击【应用设计模板】下拉框下方的 ⊡ 浏览... 按钮，在互联网上下载更多的模板使用。

9.3.3 编辑演示文稿

选择幻灯片：在幻灯片浏览视图中选择单张幻灯片，如图 9.28 所示。若是选择多张连续的幻灯片，则要先按下 Shift 键，再单击需要选定的幻灯片，如图 9.29 所示。

图 9.28 选择一张幻灯片

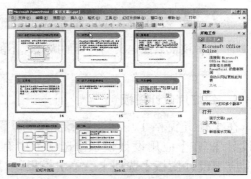

图 9.29 选择多张连续的幻灯片

选择多张不连续的幻灯片，则需先按下 Ctrl 键，然后分别单击所要选择的幻灯片即可。如图 9.30 所示。

删除幻灯片：选定要删除的一张或者多张幻灯片，按下 Delete 键，即可删除选定的幻灯片；也可选择【编辑】→【删除幻灯片】命令，如图 9.31 所示；或者选中单张或多张幻灯片后单击右键，在弹出的下拉菜单中单击【删除幻灯片】命令，如图 9.32 所示。

复制幻灯片：选定目标幻灯片，单击 按钮即可实现复制幻灯片；也可选择【插入】→【幻灯片副本】命令，如图 9.33 所示；或者选中要

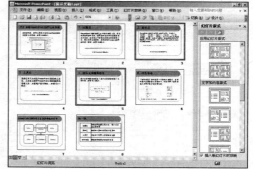

图 9.30　选择多张不连续的幻灯片

复制的幻灯片后单击右键，在弹出的下拉菜单中单击【复制】命令，如图 9.34 所示。

图 9.31　用【编辑】→【删除幻灯片】命令删除幻灯片

图 9.32　右键命令删除幻灯片

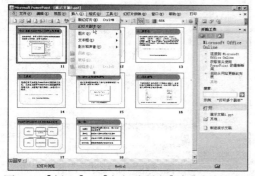

图 9.33　【插入】→【幻灯片副本】命令复制幻灯片

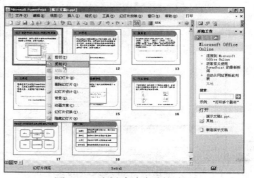

图 9.34　右键命令复制幻灯片

提　示

复制幻灯片的快捷键为：Ctrl+C。

粘贴幻灯片：当用户使用复制命令把幻灯片复制到剪贴板后，就可以单击 按钮，将复制的幻灯片粘贴到指定位置；也可选择【编辑】→【粘贴】命令，如图 9.35 所示；或者选定所要粘贴幻灯片的位置，单击右键，在弹出菜单中选择【粘贴】命令，如图 9.36 所示。

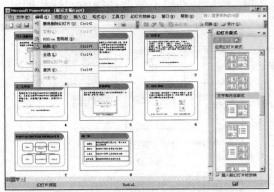

图 9.35 【编辑】→【粘贴】命令复制幻灯片

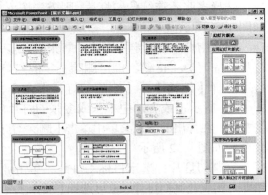

图 9.36 右键命令粘贴幻灯片

> **提 示**
>
> 复制幻灯片的快捷键为：Ctrl+V。

9.3.4 输入演示文稿的文本

用户只需在【演示文稿编辑窗格】中单击要输入文字的文本框，即可输入文本。

例如，单击标题文本框，如图 9.37 所示，输入标题"文本输入练习"，如图 9.38 所示。

图 9.37 单击所要输入文本的文本框

图 9.38 输入文本内容

9.3.5 设置文字格式

用户可以运用【格式】工具栏中的工具按钮格式化幻灯片里的文字。

首先选中要格式化的文本内容，如图 9.39 所示。

选择【格式】→【字体】命令，或者单击右键，在快捷菜单中选择【字体】命令，在弹出的【字体】对话框中对幻灯片中的文字进行字体、字形、字号以及上标、下标等内容的定义，如图 9.40 所示。

图 9.39 选中要格式化的文本内容

图 9.40 【字体】对话框

选择【格式】→【项目符合和编号】命令,在弹出的【项目符合和编号】对话框中定义幻灯片中的项目符号或编号,如图 9.41 和图 9.42 所示。

选择【格式】→【对齐方式】菜单,可以调整幻灯片中的文本对齐方式,包括【左对齐】、【居中】、【右对齐】、【两端对齐】和【分散对齐】5 种方式,如图 9.43 所示。

图 9.41 【项目符号】对话框

图 9.42 【编号】对话框

图 9.43 【对齐方式】菜单

9.4　在演示文稿中插入对象

使用 PowerPoint 2003,用户可以在幻灯片中添加表格、图表、剪贴画、媒体文件等元素,制作出精美的演示文稿,强化演示效果。

9.4.1 插入表格

在幻灯片中插入表格有两种方法,一是选择【插入】→【表格】命令,在弹出的【插入表格】对话框中定义表格的【列数】和【行数】,在【列数】和【行数】微调框中分别输入 "4",如图 9.44 所示。单击 确定 按钮,在如图 9.45 所示的幻灯片中插入一个 4 行 4 列的表格,如图 9.46 所示。

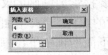

图 9.44 【插入表格】对话框

图 9.45 需插入表格的幻灯片

二是在【常用工具栏】中单击 按钮，在表格框内拖动鼠标指针，选定所需行和列的数目，如图 9.47 所示，然后释放鼠标，幻灯片中将插入新建的表格。

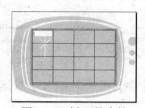

图 9.46　插入的表格

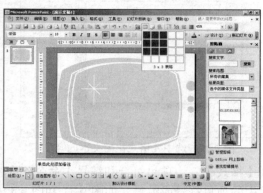

图 9.47　拉出表格

9.4.2　插入图表

在幻灯片中插入图表，用户需在【常用工具栏】中单击 按钮，或者选择【插入】→【图表】命令，进入图表编辑窗口，如图 9.48 所示。用户可以在图表编辑窗口左下角的【数据表】表格中编辑图表要展示的数据，然后单击图表编辑窗格中图表框外的区域，即可跳转至【普通视图】浏览插入的图表，如图 9.49 所示。

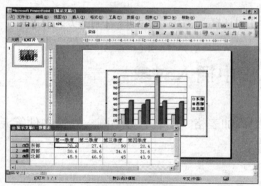

图 9.48　图表编辑窗口

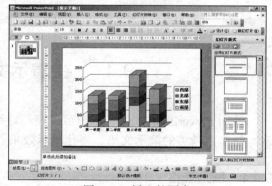

图 9.49　插入的图表

9.4.3　插入剪贴画

选择【插入】→【图片】→【剪贴画】命令，或者单击【任务窗格】中的 **开始工作** 按钮，在下拉框中选择【剪贴画】，即可显示出【剪贴画】选项卡，如图 9.50 所示。用户可在【搜索文字】文本编辑框中输入想要搜索剪贴画的类型名称，在此输入"任务"；在【搜索范围】下拉框中选择所要搜索剪贴画的文件夹，在此选择【所有收藏集位置】；在【结果类型】下拉框中选择要搜索的媒体类型，在此选择【剪贴画】，最后单击 搜索 按钮，搜索结果将在【结果类型】下拉框下面的预览下拉框中显示，用户单击适用的剪贴画，即可在幻灯片中插入剪贴画，如图 9.51 所示。

图 9.50　【剪贴画】选项卡

图 9.51　插入剪贴画

9.4.4　插入媒体文件

幻灯片可以插入视频和声音等媒体文件，用户可以选择插入 PowerPoint 2003 剪辑管理器中自带的媒体文件，或者选择文件夹内存储的媒体文件。

1．插入剪辑管理器中的媒体文件

单击【任务窗格】中的 **开始工作** ▼ 按钮，在下拉框中选择【剪贴画】，即可显示出【剪贴画】选项卡。在【搜索文字】文本编辑框中输入想要搜索影片的类型名称，在此输入"人物"；在【搜索范围】下拉框中选择所要搜索剪贴画的文件夹，在此选择【所有收藏集位置】；在【结果类型】下拉框中选择要搜索的媒体类型，在此选择【影片】，最后单击 **搜索** 按钮，搜索结果将在【结果类型】下拉框下面的预览下拉框中显示，用户单击适用的影片，即可在幻灯片中插入影片，如图 9.52 所示。

若是用户将【结果类型】下拉框中的媒体类型改成【声音】，即可在剪辑管理器中搜索到声音文件。插入剪辑管理器中的声音文件的方法同上。

2．插入文件中的媒体文件

选择【插入】→【影片和声音】→【文件中的声音】命令，弹出【插入声音】对话框，如图 9.53 所示。

图 9.52　插入剪辑管理器中的影片文件

图 9.53　【插入声音】对话框

选择要插入的声音文件，单击 **确定** 按钮，即可在幻灯片中插入声音文件。插入【文

件中的影片】的方法同上。

9.4.5　插入超级链接

在幻灯片中加入超级链接可以丰富幻灯片的内容，网页、Word 文档、Execl 表格等都可以作为链接的对象。

用户可以使用两种方法创建超级链接。第一种是在菜单栏中选择【插入】→【超链接】命令或者单击常用工具栏中的 按钮，在弹出的【插入超链接】选项卡里选择要链接的对象，如图 9.54 所示。

图 9.54　【插入超链接】选项卡

| **提　示** |

插入超级链接的快捷键是 Ctrl+K。

用户还可以使用动作按钮实现超级链接功能。在菜单栏中选择【幻灯片放映】→【动作按钮】，如图 9.55 所示，在弹出的二级菜单中选择适用的按钮形状，这时鼠标的光标变成"+"状，拖动鼠标调节按钮的大小，待调出合适大小的按钮时松开鼠标，这时将弹出【动作设置】选项卡，如图 9.56 所示，用户可以在【超链接到】选项里设置所要链接的内容。

图 9.55　【动作按钮】二级菜单

图 9.56　【动作设置】选项卡

| **练一练** |

做一幅包含文字和剪贴画内容的幻灯片，尝试分别将文字和剪贴画制作成超链接。效果如图 9.57 和图 9.58 所示。

图 9.57　制作文字超链接

图 9.58　制作剪贴画超链接

9.5　幻灯片母版设计

用户可以根据自己的喜好制作模板，方便使用，这就用到了 PowerPoint 2003 的母版功能。

选择【视图】→【母版】→【幻灯片母版】命令，在弹出的【幻灯片母版编辑视图】中有【自动版式的标题区】、【自动版式的对象区】、【日期区】、【页脚区】和【数字区】5个占位符文本框，如图 9.59 所示。

图 9.59　幻灯片母版编辑视图

单击【单击此处编辑母版标题样式】文本框，定义文本样式，图 9.60 是定义母版标题为斜体加下划线的华文隶书样式。

用户也可以删除占位符文本框，只需选择要删除的文本框，按 Delete 键即可。图 9.61 为删除了【日期区】和【数字区】的母版样式。

图 9.60　定义母版标题样式

图 9.61　删除占位符文本框

> ### 提　示
>
> 删除的占位符文本框还可以重新添加，只需右键单击幻灯片占位符外的空白区域，在弹出菜单中选择【母版版式】命令，在弹出的【母版版式】选项卡选定要添加的项目即可，如图 9.62 所示。
>
>
>
> 图 9.62　【母版版式】选项卡

用户还可以右键单击占位符外的空白区域，在弹出菜单中选择【背景】命令，在弹出的【背景】选项卡中定义母版的背景，如图 9.63 所示。

选择【文件】→【另存为】命令，在【另存为】对话框的【文件名】文本编辑框中输入要保存的文件名称，在【保存类型】下拉框中选择保存类型为【演示文稿设计模板(*.pot)】，如图 9.64 所示，单击 保存(S) 按钮即可保存母板。

图 9.63 【背景】选项卡　　　　图 9.64 将文档保存为【演示文稿设计模板（*.pot）】类型

9.6　设置幻灯片翻页效果

用户可以在【幻灯片切换】选项卡中定义幻灯片的翻页效果，方法如下：

单击【任务窗格】中的 开始工作 按钮，在下拉框中选择【幻灯片切换】，即可显示出【幻灯片切换】选项卡，如图 9.65 所示。

【应用于所选幻灯片】选项可以定义所选幻灯片的切换动作，如图 9.66 所示。【修改切换效果】选项可以定义幻灯片切换动作的速度和声音，如图 9.67 所示。【切换方式】选项可以定义切换动作是在单击鼠标时进行还是隔一定的时间再切换，如图 9.68 所示。

图 9.65 【幻灯片切换】选项卡

图 9.66 【应用于所选幻灯片】　图 9.67 【修改切换效果】　图 9.68 【切换方式】

9.7　设置幻灯片动画效果

动画是增强演示文稿视觉效果的重要手段，用户普遍喜欢使用。

9.7.1　设置动画方案

单击【任务窗格】中的 开始工作 按钮，在下拉框中选择【幻灯片设计-动画方案】，即可显示出【动画方案】选项卡，如图 9.69 所示。

图 9.69 【动画方案】选项卡

选择相应的动画效果，单击【动画方案】选项卡下方的 ▶ 播放 按钮，即按照所选动画方案播放用户所编辑的幻灯片；单击 幻灯片放映 按钮，可以从当前幻灯片开始放映；单击 应用于所有幻灯片 按钮，能够将所选动画方案应用于用户所编辑的全部幻灯片。

┤ 提 示 ├

选择【自动预览】选项，用户可以在单击动画方案的同时欣赏到所选动画的预览效果。

9.7.2 自定义动画

用户除了应用已有的动画方案以外，还可以根据喜好自定义动画方案，方法如下。

单击【任务窗格】中的 开始工作 ▼ 按钮，在下拉框中选择【自定义动画】，即可显示出【自定义动画】选项卡，如图 9.70 所示。

首先选择要定义动画的内容，然后在【自定义动画】选项卡里单击 添加效果 ▼ 按钮，弹出动画效果的下拉菜单，如图 9.71 所示，用户可以设置所选内容的【进入】、【强调】、【推出】和【工作路径】等动画效果。单击 单击时 ▼ 下拉框，定义动画的开始时间，如图 9.72 所示。

图 9.70 【自定义动画】选项卡

图 9.71 【添加效果】下拉菜单

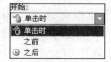

图 9.72 【开始】下拉框

用户可以在【方向】下拉框中定义动作的运动方向，如图 9.73 所示；也可以在【速度】

下拉框中定义动作的运动速度，如图 9.74 所示；通过【重新排序】选项框，用户可以调整各个动作的发生顺序，如图 9.75 所示。

图 9.73 【方向】下拉框   图 9.74 【速度】下拉框   图 9.75 【重新排序】选项框

9.8   打印幻灯片

在 PowerPoint 2003 中，既可用彩色、灰度或纯黑白打印整个演示文稿的幻灯片、大纲、备注和观众讲义，也可打印特定的幻灯片、讲义、备注页或大纲页。

9.8.1   幻灯片的页面设置

选择【文件】→【页面设置】命令，弹出【页面设置】选项卡，如图 9.76 所示。

用户可以在【幻灯片大小】下拉框里选择所要打印幻灯片的页面大小，纸也可以自定义纸张大小。

【幻灯片编号起始值】选项可以定义打印幻灯片的编号值，如果此项定义为"1"，那么打印的第一张幻灯片的编号就为"1"，第二张幻灯片的编号就为"2"，以此

图 9.76 【页面设置】选项卡

类推。如果此项定义为"2"，那么打印的第一张幻灯片的编号就为"2"，第二张幻灯片的编号就为"3"，以此类推。此项功能方便用户对多个需要打印演示文稿中的每张幻灯片排序。

【方向】区域可以定义幻灯片或备注、讲义和大纲是横向打印还是纵向打印。

9.8.2   幻灯片的打印设置

选择【文件】→【打印】命令，在弹出的【打印】选项卡中可以进行多项打印设置，如图 9.77 所示。

【打印机】区域可选择所要使用的打印机，并能查看打印机属性。

【打印范围】区域能定义打印幻灯片的范围，用户可选择全部打印、打印当前幻灯片、打印选定幻灯片或者在【幻灯片】文本编辑框中输入要打印的幻灯片的编号。

【份数】区域能定义要打印幻灯片的份数和是否逐份打印。

【打印内容】下拉框可选择打印的内容，如【幻灯片】、【讲义】、【备注页】、【大纲视图】等。如果在此选择【讲义】选项，用户还可以在【讲义】区域定义每张纸上打印幻灯片的张数和多张幻灯片的排列方式，如图 9.78 所示。

【颜色/灰度】下拉框可选择打印出的文件是彩色图、灰度图还是纯黑白图片，用户可根据不同打印机调整此项。

图 9.77 【打印】选项卡

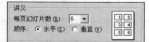

图 9.78 【讲义】区域

9.9 本 讲 小 结

本讲对 PowerPoint 2003 进行了系统的讲解，通过对本讲的学习，用户应该熟悉 PowerPoint 2003 的基本操作，了解如何新建演示文稿，如何编辑幻灯片，如何在幻灯片中插入对象，如何设置翻页效果，如何添加动画和超链接，如何打印幻灯片等内容。

9.10 思考与练习

1. 选择题

（1）保存演示文稿的快捷键为（　　）。

  A. Ctrl+I   B. Ctrl+P   C. Ctrl+S   D. Ctrl+R

（2）PowerPoint 2003 的常用工具按钮位于（　　）中。

  A. 标题栏   B. 工具栏   C. 菜单栏

（3）PowerPoint 2003 演示文稿文件的后缀名为（　　）。

  A. *.pdf   B. *.png   C. *.ppt

（4）编辑一张幻灯片应使用（　　）模式。

  A. 大纲视图   B. 普通视图   C. 幻灯片浏览视图

（5）（　　）不可以快速新建一组固定格式的幻灯片。

  A. 单击新建命令   B. 使用内容提示向导   C. 使用设计模板

（6）选择多张不连续的幻灯片应在鼠标选择幻灯片的同时按下（　　）键。

  A. Shift   B. Ctrl   C. Alt

（7）浏览多张幻灯片应使用（　　）模式。

  A. 大纲视图   B. 普通视图   C. 幻灯片浏览视图

（8）幻灯片切换选项卡不可以定义（　　）。

  A. 幻灯片切换声音 B. 幻灯片切换速度 C. 幻灯片的内容

（9）（　　）不能定义幻灯片的放映时间。

  A. 排练计时   B. 换片方式   C. 切换效果

（10）打印幻灯片不能在（　　　）中实现。

    A．页面设置　　　　　　　B．打印　　　　　　　C．打印预览

2．判断题

（1）用户可以自定义幻灯片模板。　　　　　　　　　　　　　　　（　　　）

（2）菜单栏包含了所有的操作指令。　　　　　　　　　　　　　　（　　　）

（3）幻灯片的模板一经选定就不可以改变。　　　　　　　　　　　（　　　）

（4）动画不能用于幻灯片之间，只能存在于幻灯片之内。　　　　　（　　　）

（5）根据内容提示向导，只能新建一张幻灯片。　　　　　　　　　（　　　）

（6）超链接只能链接演示文稿文件。　　　　　　　　　　　　　　（　　　）

（7）在选择幻灯片的同时按下 Shift 键，可以选择多张连续的幻灯片。（　　　）

（8）幻灯片放映只能用鼠标控制。　　　　　　　　　　　　　　　（　　　）

（9）如果打印机支持，可以打印出彩色的幻灯片。　　　　　　　　（　　　）

（10）幻灯片中可以插入表格，但不能插入图表。　　　　　　　　（　　　）

3．上机操作题

根据内容提示向导创建类型为"建议方案"的演示文稿。

练习目标：

熟悉根据内容提示向导创建演示文稿的基本操作。

解题思路：

（1）打开【内容提示向导】对话框。

（2）选择文稿类型为【建议方案】。

（3）完成演示文稿创建。

第 10 讲 创建 PowerPoint 产品宣传广告

▶ **本讲要点**

- 添加各种元素
- 设置放映效果
- 放映演示文稿
- 打包演示文稿

▶ **快速导读**

本讲通过实例介绍了 PowerPoint 产品宣传广告的制作思路和具体操作，对用户以后的创作有着抛砖引玉的作用。

10.1 制作思路

商品的销售离不开广告，利用 PowerPoint 2003 可以为商品量身定做出精美的产品宣传广告。

用户可以根据 PowerPoint 2003 的【内容提示向导】创建一组幻灯片。

在【任务窗格】中单击 开始工作 ▼ 按钮，在下拉框中选择【新建演示文稿】，在弹出的【新建演示文稿】选项卡中单击【根据内容提示向导】命令，弹出【内容提示向导】对话框，如图 10.1 所示。

在【内容提示向导】对话框中单击 下一步(N) > 按钮，进入【演示文稿类型】对话框，选择【销售/市场】→【商品介绍】选项，如图 10.2 所示。

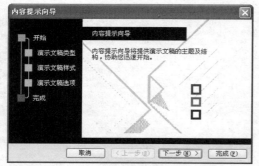
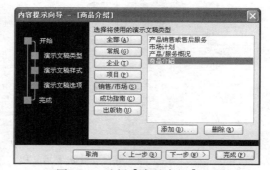

图 10.1 【内容提示向导】对话框　　　　图 10.2 选择【商品介绍】选项

单击 完成(F) 按钮，PowerPoint 2003 将自动生成附带大纲的 4 张幻灯片，如图 10.3 所示。

图 10.3 创建的产品宣传广告模板

用户可结合自身产品特点，对每张幻灯片的版式、内容和幻灯片动画进行编辑，设置放映方式，完成产品宣传广告的制作。

10.2　添加各种元素

简单的文本无法满足高质量广告的要求，因此用户需要在宣传广告中加入图片、艺术字、图形、表格等多种元素充实广告内容。

10.2.1　添加图片

选择【插入】→【图片】→【来自文件】命令，或者单击 按钮，弹出【插入图片】对话框，如图 10.4 所示。

图 10.4　【插入图片】对话框

选择所要插入图片"全景图"后单击　插入(S)　按钮，将图片插入幻灯片，如图 10.5 所示。

图 10.5　插入图片

双击插入的图片或右键单击图片，在弹出的菜单中选择【设置图片格式】命令，弹出【设置图片格式】选项卡，如图 10.6 所示。

在【裁剪】区域可对图片进行裁剪，在【图像控制】区域可调整图像的颜色为自动、灰度、黑白和冲蚀等 4 项，还可以调整图片的亮度和对比度。

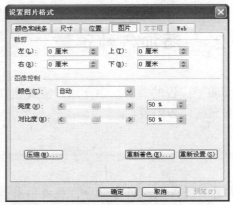

图 10.6 【设置图片格式】选项卡

利用鼠标可对图片进行放大、缩小、旋转和调整位置等操作。

1. 调整图片大小

单击图片，将鼠标放在图片上的"○"位置，鼠标指针变为双向箭头，如图 10.7 所示，单击并拖曳鼠标，可调整图片的大小。

> **提 示**
>
> 在拖曳鼠标的同时按下 Ctrl 键，可实现图片等比例放大和缩小。

2. 旋转图片

将鼠标放置图片上的着色"○"位置，鼠标指针变为"↻"状，单击并拖曳鼠标可旋转图片，如图 10.8 所示。

3. 调整图片位置

单击图片，将鼠标指针放置在图片上，当鼠标指针变为"✛"状单击并拖曳鼠标，将图片拖曳至指定位置，如图 10.9 所示。

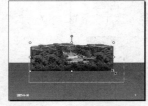
图 10.7 调整图片大小

图 10.8 旋转图片

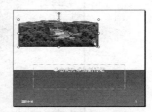
图 10.9 调整图片位置

> **提 示**
>
> 调整图片位置也可选中图片，用键盘中 ↑、↓、← 和 → 4 个键来调整。

10.2.2　添加艺术字

选择【插入】→【图片】→【艺术字】命令或者单击 按钮，弹出【艺术字库】对话框，如图 10.10 所示。

【艺术字库】对话框中有多款艺术字样式，选择一种样式后，单击 确定 按钮，弹出【编辑"艺术字"文字】对话框。用户可在【文字】文本编辑框中输入文字，例如"D.C 花园闪亮登场"，在【字体】下拉选单中选择文本的字体，在【字号】下拉选单中定义文本的字体大小，如图 10.11 所示。

图 10.10　【艺术字库】对话框

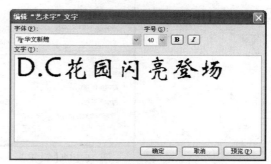

图 10.11　【编辑"艺术字"文字】对话框

提示

单击 **B** 按钮，可将文本定义为粗体，单击 *I* 按钮，可将文本定义为斜体。

文本编辑完成后，单击 确定 按钮，可将艺术字插入幻灯片中，如图 10.12 所示。

图 10.12　插入艺术字后的效果

用户可以使用【艺术字】工具栏对艺术字进行编辑，如图10.13所示。

单击 ![编辑文字(X)...] 按钮，弹出【编辑"艺术字"文字】

图10.13 【艺术字】工具栏

对话框，用户可对文本进行编辑。

单击 按钮，在弹出的【艺术字库】对话框中重新定义艺术字样式。

单击 按钮，在弹出的【设置艺术字格式】选项卡中定义艺术字格式，如图10.14所示。

图10.14 【设置艺术字格式】选项卡

单击 按钮，在弹出的【艺术字形状】选单中定义艺术字的形状，如图10.15所示。

单击 按钮，可使艺术字字母高度相同，如图10.16所示。

单击 按钮，可将艺术字定义为竖排排列，如图10.17所示。

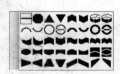

图10.15 【艺术字形状】选单　图10.16 定义艺术字字母高度相同　图10.17 定义艺术字为竖排排列

单击 按钮，可定义艺术字的对齐方式，如图10.18所示。

单击 按钮，可定义艺术字的字符间距，如图10.19所示。

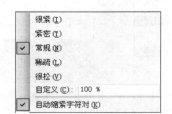

图10.18 定义艺术字的对齐方式　图10.19 定义艺术字的字符间距

用户还可以使用鼠标调整艺术字的大小、旋转及位置，操作方法同鼠标调整图片方法。

10.2.3　添加图形和文本框

利用 PowerPoint 2003 的【绘图】工具栏可在幻灯片中轻松添加图形和文本框，如图 10.20 所示。

图 10.20　【绘图】工具栏

1. 添加图形

单击【绘图】工具栏中的 自选图形⑪▾ 按钮，弹出【自选图形】选项，如图 10.21 所示。

【自选图形】提供了【线条】、【连接符】、【基本形状】、【箭头总汇】、【流程图】、【星与旗帜】、【标注】、【动作按钮】和【其他自选图形】9 种类型的图形样式。

选择相应的图形种类，例如选择【基本形状】→【十字形】，光标变为"＋"状，在幻灯片上单击并拖曳鼠标，释放鼠标，便可在幻灯片中插入十字形的自选图形，如图 10.22 所示。

图 10.21　【自选图形】选项　　　　　图 10.22　插入"十字形"图形

双击插入图形，弹出【设置自选图形格式】选项卡，如图 10.23 所示。用户可在【填充】区域定义图形的填充颜色和透明度，在【线条】区域定义图形外部线条的颜色、样式、线形和粗细等选项。

右键单击图形，选择【编辑文本】命令，可在图形中添加文本，如图 10.24 所示。

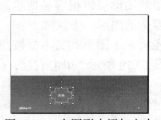

图 10.23　【设置自选图形格式】选项卡　　　　图 10.24　在图形中添加文本

2. 添加文本框

单击 按钮，鼠标指针变为"↓"状，单击并拖曳鼠标，释放鼠标，在幻灯片中添加一个横排文本框，直接在文本框中输入文本，如图 10.25 所示。用同样方法单击 按钮，可在幻灯片中添加竖排文本框。

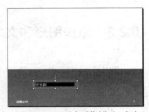

图 10.25　添加横排文本框

| 提　示 |

选中图形或者文本框后，用户可以利用【绘图】工具栏中的快捷按钮快速编辑图形文件。

单击 按钮，弹出【填充颜色】选单，如图 10.26 所示，用户可在此选单中定义图形或文本框的填充颜色。

单击 按钮，弹出【线条颜色】选单，如图 10.27 所示，用户可在此定义图形或文本框的线条颜色。

单击 按钮，弹出【字体颜色】选单，如图 10.28 所示，用户可在此定义图形或文本框中的文字颜色。

图 10.26　【填充颜色】选单　　图 10.27　【线条颜色】选单　　图 10.28　【字体颜色】选单

| 练一练 |

在幻灯片中添加一个笑脸图形，填充颜色为红色，在笑脸下方添加一个横排文本框，输入"欢迎"，填充颜色为蓝色，字体颜色为白色。

3. 组合图形和文本框

简单的图形可以很容易地绘制出来，用户还可以用组合功能将多个图形和文本框合并成一个复杂的图形。方法如下：

首先将多个图形和文本框按照需要摆放，然后按下 Ctrl 键，分别单击各个图形和文本框，如图 10.29 所示。单击右键，在弹出的菜单中选择【组合】→【组合】命令，如图 10.30 所示。

经过组合，多个图形和文本框就成为一个复杂的图形文件，用户可对此文件进行缩放、旋转等操作。

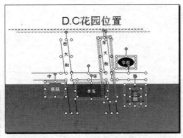

图 10.29 选中多个图形和文本框

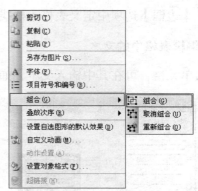

图 10.30 选择【组合】命令

| 提 示 |

要删除或修改组合图形中的某个文件，可选中该文件，单击鼠标右键，在弹出菜单中选择【组合】→【取消组合】命令即可。

10.2.4 添加表格

在【常用工具栏】中单击 按钮，在表格框内拖动鼠标指针，选定所需要的行和列的数目，如图 10.31 所示，释放鼠标，幻灯片中将插入新建的表格。

图 10.31 在幻灯片中添加表格

1. 设置表格样式

右键单击插入的表格或者双击表格边框，弹出【设置表格格式】选项卡，如图 10.32

所示。在【边框】选项中定义表格边框线条的样式、颜色和宽度。

2. 编辑表格中的文本

单击单元格，可在其中输入文本，如图 10.33 所示。

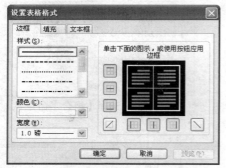

图 10.32 【设置表格格式】选项卡

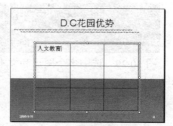

图 10.33 在单元格中输入文本

右键单击表格，在弹出菜单中选择【字体】命令，弹出【字体】选项卡，如图 10.34 所示，对表格中的文本格式进行定义。

3. 设置对齐方式

右键单击表格或者双击表格边框，弹出【设置表格格式】选项卡，选择【文本框】选项，如图 10.35 所示。

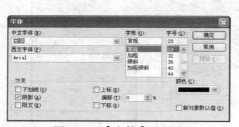

图 10.34 【字体】选项卡

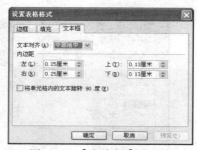

图 10.35 【文本框】选项卡

在【文本对齐】下拉选单中定义表格文本的对齐方式，如定义"中部居中"，如图 10.36 所示。

图 10.36 表格文本对齐方式为"中部居中"

┃ 练一练 ┃

在幻灯片中添加一个 5 行 4 列的表格，表格边框为蓝色、1.0 磅的虚线，表格文本对齐方式为"底部居中"。

10.3　设置放映效果

PowerPoint 2003 提供了多种放映演示文稿的方法，不同的放映设置满足用户的不同需求。

10.3.1　设置放映方式

选择【幻灯片放映】→【设置放映方式】命令，弹出【设置放映方式】选项卡，如图 10.37 所示。

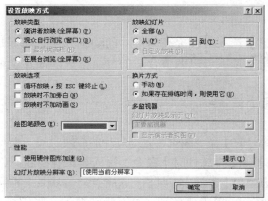

图 10.37　【设置放映方式】选项卡

【设置放映方式】选项卡有很多幻灯片放映的定义选项，下面具体介绍每项的功用。

1.　放映类型

【放映类型】选项包括 3 个单选项，选择【演讲者放映】选项，文稿演示者控制全部演示过程，可以人工进片，也能用【排练计时】命令为自动进片计时，本模式是比较常用的放映模式。【观众自行浏览】选项适用于网络放映的情况，由观众自己控制文稿的放映。若选用【在展示台浏览】选项，可以使幻灯片自动循环放映。

2.　幻灯片放映范围

【放映幻灯片】选项可以定义放映的范围，选择【全部】选项，就是定义从第一张幻灯片放到最后一张。若选择【从…到…】选项，可以通过输入幻灯片编号的方式定义从哪一张幻灯片开始放映，到哪一张幻灯片结束。【自定义放映】可以自定义放映的幻灯片。

3. 放映选项

【放映选项】选项也包括 3 个单选项，【循环放映，按 Esc 键终止】选项适用于自动放映模式，放映完最后一张幻灯片时，自动循环，从第一张开始再次播放，直到按 Esc 键结束放映。【放映时不加旁白】选项定义放映幻灯片时不附加旁白解释。【放映时不加动画】选项定义放映幻灯片时暂时隐藏动画效果，待取消此选项时，幻灯片可以照常播放动画效果。

4. 换片方式

【手动】选项适用于人工控制放映幻灯片方式，而【如果存在排练时间，则使用它】选项适用于自动放映幻灯片方式。

5. 多监视器放映

【多监视器】选项适用于在两个显示器上放映演示文稿。在【幻灯片放映显示于】下拉框中选择要放映演示文稿的监视器，并选中【显示演示者视图】选项，单击 确定 按钮，就可以实现多监视器放映。

6. 性能

【使用硬件图形加速】选项可以提高幻灯片的动画效果，前提是要有硬件支持。【幻灯片放映分辨率】选项可以调节合适的分辨率放映演示文稿。

10.3.2 设置放映时间

用户可以使用【排练计时】命令编辑每张幻灯片的放映时间，达到自动放映幻灯片的目的。

选择【幻灯片放映】→【排练计时】命令，进入排练计时状态，此时从第一张幻灯片开始放映，并在幻灯片上方弹出【预演】工具栏，包含计时器和 3 个控制按钮，如图 10.38 所示。

→ 【下一项】命令按钮：单击该按钮，可以跳转至下一张幻灯片，以便进行排练计时。

Ⅱ 【暂停】命令按钮：单击该按钮，可以暂停排练计时，再次单击可以继续排练计时。

↻ 【重复】命令按钮：单击该按钮，可以重新开始对当前幻灯片进行排练计时。

排练计时结束后，将弹出对话框，询问用户是否保留幻灯片的排练时间，如图 10.39 所示。单击 是(Y) 按钮，将保留此次排练时间，单击 否(N) 按钮则不保存。

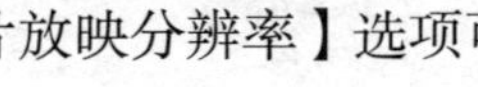

图 10.38 【预演】工具栏

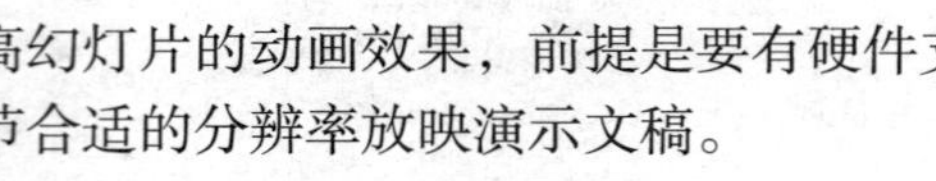

图 10.39 排练计时的结束对话框

10.4 放映演示文稿

用户不但可以手工控制和自动控制放映演示文稿，还可以自定义放映演示文稿。

10.4.1 普通放映

选择【视图】→【幻灯片放映】命令，如图 10.40 所示，或者选择【幻灯片放映】→【观看放映】命令，如图 10.41 所示，进入幻灯片放映模式，并从第一张幻灯片开始放映。

图 10.40 【幻灯片放映】命令   图 10.41 【观看放映】命令

单击位于水平滚动条上的 按钮，如图 10.42 所示，进入幻灯片放映模式，并从当前所选的幻灯片开始放映。

进入幻灯片放映模式后，用户可以用人工控制或者自动放映的方式放映幻灯片。

图 10.42 【从当前幻灯片开始放映幻灯片】按钮

1. 人工控制放映幻灯片

在放映幻灯片时，单击右键，弹出快捷菜单，用鼠标单击快捷菜单中的命令可以控制幻灯片的放映，如图 10.43 所示。

> ## 提 示
>
> 快捷菜单主要有 6 个放映控制命令按钮，功能如下：
>
> 【下一张】命令按钮：单击该按钮，跳至下一张幻灯片进行播放，也可以按 N 键、↓ 键、→ 键或者单击左键来控制。
>
> 【上一张】命令按钮：单击该按钮，退回上一张幻灯片进行播放，也可以按 P 键、↑ 键或者 ← 键来控制。
>
> 【上次查看过的】命令按钮：单击该按钮，可以跳至用户上一次查看的幻灯片。
>
> 【定位至幻灯片】命令按钮：单击该按钮，用户可以在弹出的子菜单中选择要放映的幻灯片，如图 10.44 所示。
>
>
>
> 图 10.43 用鼠标控制幻灯片放映   图 10.44 用【定位至幻灯片】命令控制幻灯片放映
>
> 【暂停】命令按钮：单击该按钮，幻灯片播放将暂停。
>
> 【结束放映】命令按钮：单击该按钮，结束幻灯片放映。

2. 自动放映幻灯片

首先通过【排练计时】定义每张幻灯片的放映时间，然后选择【幻灯片放映】→【设置放映方式】命令，在【换片方式】中选择 ⊙ 如果存在排练时间，则使用它 (U) 选项，单击 确定 按钮，最后按 F5 键，即可实现自动放映幻灯片。若是循环放映，则需选择【循环放映，按 ESC 键终止】选项，如图 10.45 所示。

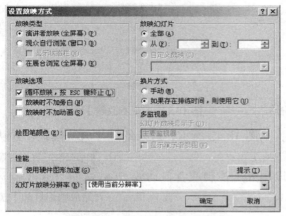

图 10.45　循环放映幻灯片设置

图 10.46　定义幻灯片播放时间

用户也可以在【幻灯片切换】选项卡中的【换片方式】选项直接定义幻灯片的播放时间，如图 10.46 所示。

提 示

在不运行 PowerPoint 2003 的情况下，也可以放映演示文稿，方法如下：

选择要放映的演示文稿，右键单击该演示文稿，弹出快捷菜单，单击【显示】命令，即可放映所选的演示文稿，如图 10.47 所示。

图 10.47　用【显示】命令放映演示文稿

用户也可以将演示文稿保存为后缀名为 ".pps" 的演示文稿放映文件，放映这类幻灯片时，只需双击打开此文件即可。

10.4.2　自定义放映

设置自定义放映演示文稿，首先选择【幻灯片放映】→【设置放映方式】命令，在【换片方式】中选择 ⊙ 如果存在排练时间，则使用它(U) 选项，单击 确定 按钮，完成设置。

选择【幻灯片放映】→【自定义放映】命令，弹出【自定义放映】选项卡，如图 10.48 所示。单击 新建(N)... 按钮，弹出【定义自定义放映】选项卡，如图 10.49 所示。

图 10.48　【自定义放映】选项卡

图 10.49　【定义自定义放映】选项卡

选中左侧【在演示文稿中的幻灯片】列表中的幻灯片，单击 添加(A) >> 按钮，可将选中幻灯片添加到右侧的【在自定义放映中的幻灯片】列表中，如图 10.50 所示。

> **提　示**
>
> 选中右侧【在自定义放映中的幻灯片】列表中的幻灯片，单击 删除(R) 按钮，可将所选幻灯片从放映列表中删除。
>
> 选中右侧【在自定义放映中的幻灯片】列表中的幻灯片，单击 ⬆ 按钮或 ⬇ 按钮，可对所选幻灯片进行排序操作。
>
> 将所要放映的幻灯片添加入【在自定义放映中的幻灯片】列表后，单击 确定 按钮，完成自定义放映编辑，转回【自定义放映】选项卡，如图 10.51 所示。

图 10.50　添加自定义放映幻灯片

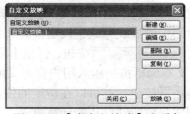

图 10.51　【自定义放映】选项卡

完成自定义放映编辑后，单击 放映(S) 按钮，即可进行演示文稿的自定义放映。

> **提　示**
>
> 单击 编辑(E)... 按钮，弹出【定义自定义放映】选项卡，用户可对自定义放映幻灯片列表进行编辑。
>
> 单击 删除(R) 按钮，可删除所选自定义放映项目。
>
> 单击 复制(Y) 按钮，可复制所选自定义放映项目。

10.5 打包演示文稿

演示文稿不仅能在安装了 PowerPoint 2003 的计算机上放映，还能在没有安装PowerPoint 2003 的计算机上进行，这就需要用到"打包成 CD"功能了。

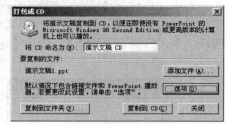

打包成 CD 的操作很简便，选择【文件】→【打包成 CD】命令，弹出【打包成 CD】对话框，如图10.52 所示。

用户可以在【将 CD 命名为】文本编辑框中定义打包文件的名称。

图 10.52 【打包成 CD】对话框

单击 添加文件(A) 按钮，弹出【添加文件】对话框，如图 10.53 所示，用户可以添加选定的演示文稿文件，和正在编辑的演示文稿一起打包。

图 10.53 【添加文件】对话框

单击 选项(O) 按钮，弹出【选项】选项卡，如图 10.54 所示，用户可以指定演示文稿在播放器中的播放方式，设定打开文件和修改文件的密码等。

单击 复制到文件夹(F) 按钮，弹出【复制到文件夹】对话框，如图 10.55 所示。在【文件夹名称】文本编辑窗中输入用户自定义的名称，单击 浏览(B) 按钮，选择要复制到的位置，单击 确定 按钮，就可以在指定的位置生成打包的演示文稿文件夹。用户可以将此文件夹复制到需要放映幻灯片的计算机上。

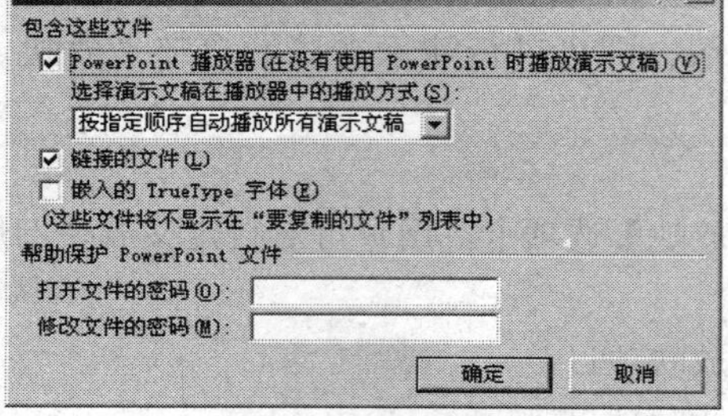

图 10.54 【选项】选项卡   图 10.55 【复制到文件夹】对话框

| 提示 |

打包生成的文件夹包含打包的演示文稿文件、PowerPoint 播放器及其库文件，如图 10.56 所示。

图 10.56 打包生成的文件

要放映打包后的演示文稿，双击 【pptview.exe】图标，选择要放映的演示文稿，单击 打开(O) 按钮即可。或者直接双击 【play.bat】（批处理文件的图标），也可实现放映。

如果计算机上装有刻录机，用户也可以选择单击 复制到 CD(C) 按钮，这时，PowerPoint 2003 将打包文件并将其刻录成光盘，方便用户携带。

10.6 本讲小结

本讲通过实例系统讲解了使用 PowerPoint 2003 制作产品宣传广告的方法，包括制作思路如何添加图片、艺术字、图形、文本框和表格等，还介绍了如何设置演示文稿的放映效果、如何放映演示文稿以及如何打包演示文稿等知识。

10.7 思考与练习

1. 选择题
（1）单击（   ）可以在幻灯片中添加图片。
   A.   B.   C.   D.
（2）按下（   ）可以等比例缩放图片。
   A. Ctrl   B. Shift   C. Alt
（3）若将多个图形或文本框组成一个图形文件，可用（   ）命令。

  A. 重新组合　　　B. 取消组合　　　C. 组合

（4）定义表格中的文本对齐方式，可选（　　　）选项卡。

  A. 边框　　　　　B. 文本框　　　　C. 填充

（5）设置自定义放映演示文稿，需在（　　　）区域中选择 ⊙ 如果存在排练时间，则使用它(U)。

  A. 放映类型　　　B. 放映选项　　　C. 换片方式

2. 判断题

（1）在幻灯片中添加图片后不能调整图片的大小。　　　　　　　　　　（　　）

（2）已添加的艺术字不能更改其形状。　　　　　　　　　　　　　　　（　　）

（3）用户可以定义文本框的填充颜色。　　　　　　　　　　　　　　　（　　）

（4）幻灯片中的图形一经组合便不能拆分。　　　　　　　　　　　　　（　　）

（5）用户可以定义表格的样式，但不能定义表格中内容的格式。　　　　（　　）

3. 上机操作题

制作一组幻灯片，并将其打包，存放在系统盘的新建文件夹内。

第**11**讲 网络办公

▶ **本讲要点**

- 使用 Internet Explorer 浏览网页
- 在网上搜索信息
- 保存、打印网页和打印网上图片
- 进行脱机浏览
- 屏蔽网上不良信息

▶ **快速导读**

本讲介绍了使用 Internet Explorer 浏览器在互联网中获取信息的主要操作、脱机浏览网页以及屏蔽网上不良信息的方法，着重介绍了 Internet Explorer 浏览器的综合运用。

11.1 用 Internet Explorer 浏览网页

Internet Explorer 是 Windows XP 免费提供的基于超文本技术的 Web 浏览软件，其版本为 6.0。相比以前版本，它在技术方面进行了很多改进，为用户提供了更好的浏览平台。

11.1.1 进入 Internet

Internet 中文译名为因特网，是由使用公用语言互相通信的计算机连接而成的全球网络。目前，Internet 的用户已经遍及全球，有超过几亿人在使用 Internet，逐渐成为人们生活和工作中不可缺少的部分。

选择【开始】→【程序】→【Internet Explorer】命令，启动 Internet Explorer，并打开 Internet Explorer 的默认网站主页，如图 11.1 所示。

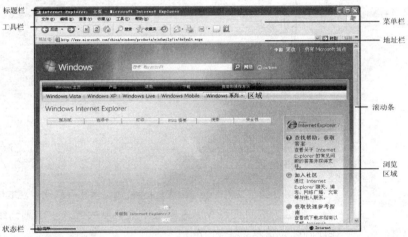

图 11.1　Internet Explorer 界面

Internet Explorer 主界面包括以下部分。

【菜单栏】：包含了用户对 Internet Explorer 浏览器的所有操作指令。

【工具栏】：包含了常用的快捷按钮，单击这些快捷按钮，Internet Explorer 即可快速执行相应的操作。

【地址栏】：用户可在此文本编辑栏中输入所要浏览网站的网址。

【浏览区域】：本区域显示用户所浏览网站的页面信息。

【状态栏】：本栏显示操作浏览器的辅助信息，如网络链接和网页下载进度等内容。

用户在【地址栏】中输入网址，按 Enter 键即可进行网上冲浪。

11.1.2 浏览网上新闻

随着生活质量的不断提高，人们不再满足于看报纸、听广播和看新闻等获取新闻信息的传统方式。互联网新闻以其报道的及时性、内容的多样化、发布的大众化受到了人们的青睐。

国内比较著名的网站有新华网、网易网、新浪网和人民网等，用户只需在【地址栏】输入相应的网址，如新浪网http://www.sina.com，按 Enter 键，即可打开网站的首页，如图 11.2 所示。

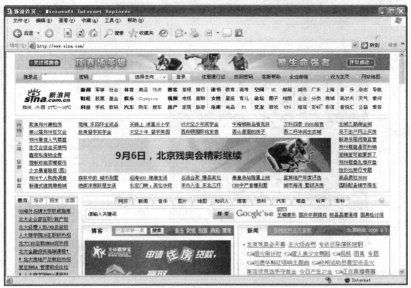

图 11.2　新浪网主页

网站的导航栏提供了新闻中心的超链接，如图 11.3 所示。

图 11.3　网站导航栏

单击【新闻】超链接，浏览器转入新闻中心页面，如图 11.4 所示。

图 11.4　新闻中心网页

用户可以单击并拖动浏览器右侧的滚动条浏览本页面的新闻标题链接，单击新闻标题链接，如"神七载人航天飞行将于 9 月 25 日至 30 日择机实施"，即可弹出新闻详细报道页面，如图 11.5 所示。

图 11.5　新闻报道页面

单击并拖动滚动条，可浏览本条新闻的全部内容，浏览完毕之后单击 ⊠ 按钮，可关闭当前新闻浏览窗口。

> **提 示**
>
> 新闻网站一般会在本条新闻结尾处提供和本条新闻相关的新闻链接，以便用户全面了解本条新闻的相关情况。

11.1.3　设置 Internet Explorer 主页

为了方便用户使用，Internet Explorer 浏览器还提供了自定义主页的功能。

选择【工具】→【Internet 选项】命令，弹出【Internet 选项】选项卡，如图 11.6 所示。

在【常规】选项卡的【主页】区域可以定义 Internet Explorer 浏览器的主页，Internet Explorer 为用户提供了 3 种方案。

【使用当前页】：单击此按钮，Internet Explorer 将把用户当前浏览的网页设置为主页。

【使用默认页】：单击此按钮，Internet Explorer 将把微软公司的 Internet Explorer 产品宣传页设为主页。

【使用空白页】：单击此按钮，Internet Explorer 主页将

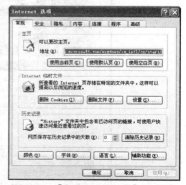

图 11.6　【Internet 选项】选项卡

为空白网页。

　　除了上述 3 种方案外，用户还可以直接在【地址】文本编辑栏中输入要设置成主页的网址，如 http://www.baidu.com，然后单击 应用(A) 按钮，并单击 确定 按钮完成保存。

　　设置完成后，用户启动 Internet Explorer 或者单击 按钮，浏览器会自动打开用户设置的主页。

11.2　从网上搜索信息

　　互联网吸引人的另一原因就是具体包罗万象的信息数据库，用户利用搜索引擎进行信息搜索，可以快速地查阅到符合条件的相关信息，使工作和生活更加便捷。

11.2.1　使用搜索引擎查找信息

　　再强大的数据库也需要良好搜索引擎的支持，网络搜索引擎技术随着互联网的发展而不断成熟，用户比较常用的搜索引擎有"雅虎"、"谷歌"和"百度"等。

　　选择【开始】→【程序】→【Internet Explorer】命令，在浏览器【地址栏】输入搜索引擎网址，如 http://www.baidu.com，打开搜索引擎主页，如图 11.7 所示。

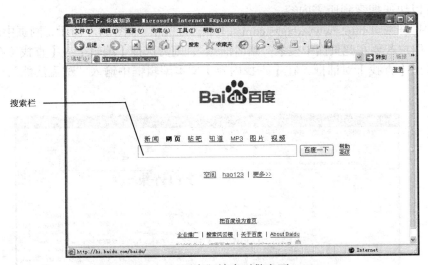

图 11.7　"百度"搜索引擎主页

　　"百度"搜索引擎提供了【新闻】、【网页】、【贴吧】、【知道】、【MP3】、【图片】和【视频】7 个种类的搜索选项，用户可以单击所要搜索内容的种类，然后在【搜索栏】文本编辑框中输入所要搜索的内容，如选择【网页】选项，搜索"计算机"，单击 百度一下 按钮，浏览器将跳转至搜索结果页面，如图 11.8 所示。

　　用户可在搜索结果页面中查找所需信息，单击适用信息，即可在弹出的窗口进行浏览。

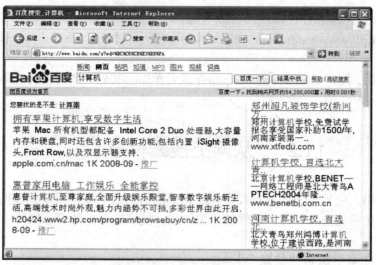

图 11.8　搜索结果页面

11.2.2　搜索网页中的文字

　　用户搜索到的网页可能包含大量文字信息，利用 Internet Explorer 的【查找（在当前页）】命令，可以快速搜索到所需内容。

　　例如打开网页 http://www.dxgzs.com/sc18mj/slb.htm，如图 11.9 所示，网页中的内容为李白诗集。用户若要在此页面中搜索"赠孟浩然"，则需选择【编辑】→【查找（在当前页）】命令，弹出【查找】对话框，在【查找内容】文本编辑框中输入"赠孟浩然"，如图 11.10 所示。

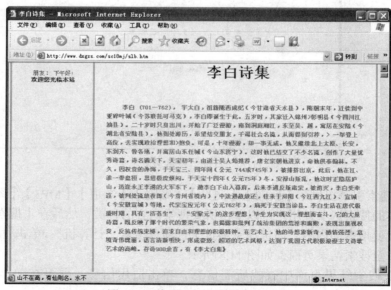

图 11.9　将要进行文字搜索的页面

图 11.10 【查找】对话框

单击 查找下一个(F) 按钮，即可显示出搜索结果，如图 11.11 所示。

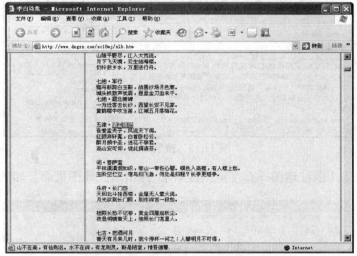

图 11.11 【查找】结果

11.2.3 搜索网上"地图"信息

打开"百度"搜索引擎，在【搜索栏】文本编辑框中输入所要搜索的地图名称，如"浙江地图"，如图 11.12 所示。单击 百度一下 按钮，可转入搜索结果页面，如图 11.13 所示。

图 11.12 搜索"浙江地图"

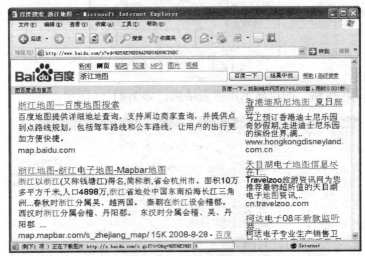

图 11.13　搜索结果

单击搜索结果【浙江地图—百度地图搜索】，弹出浙江地图页面，如图 11.14 所示。

图 11.14　浙江电子地图

练一练

利用搜索引擎搜索上海市的电子地图。

11.2.4　搜索网上"火车车次"信息

打开"百度"搜索引擎，在【搜索栏】文本编辑框中输入"火车车次"，单击 百度一下 按钮，浏览器转至搜索结果页面，如图 11.15 所示。

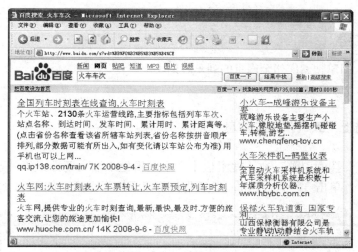

图 11.15 搜索结果

选择【全国列车时刻表在线查询，火车时刻表】链接，弹出【全国列车时刻表在线查询】页面，如图 11.16 所示。

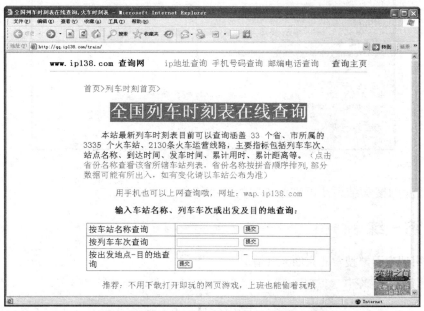

图 11.16 【全国列车时刻表在线查询】页面

此页面为用户提供了 3 种车次查询方法。

【按车站名称查询】：使用此种查询方法，将查出用户所输入车站的所有列车时刻信息。

【按列车车次查询】：使用此种查询方法，将查出用户所输入车次的列车时刻信息。

【按出发地点-目的地查询】：使用此种查询方法，将查出用户所输入区间的列车时刻信息。

提 示

除了可以查询列车时刻外，有些网站还提供列车票价查询以及网上订票等服务。

| 练一练 |

利用搜索引擎搜索广州至南京的列车时刻表。

11.2.5 搜索网上"天气预报"信息

打开"百度"搜索引擎,在【搜索栏】文本编辑框中输入要搜索天气预报的城市,如"上海天气预报",单击 百度一下 按钮,浏览器转至搜索结果页面,如图 11.17 所示。

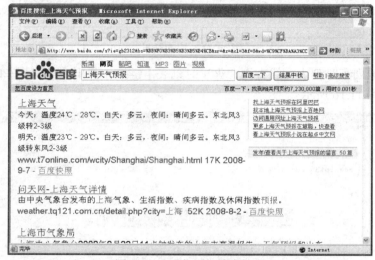

图 11.17　天气预报搜索结果

单击相应的搜索结果便可浏览该项的详细信息。

| 练一练 |

利用搜索引擎搜索北京的天气情况。

11.3　使用 Internet Explorer 的"收藏夹"

Internet Explorer 还为用户提供了类似"书签"的服务,用户可以把喜爱的网页添加到【收藏夹】中,以便再次浏览。

11.3.1 添加收藏自己喜爱的网页

添加网页到【收藏夹】有以下 3 种常用方法。

❶ 选择【收藏】→【添加到收藏夹】命令，如图 11.18 所示。

图 11.18 添加网页到【收藏夹】

弹出【添加到收藏夹】对话框，如图 11.19 所示，单击 确定 按钮，完成添加网页。

图 11.19 【添加到收藏夹】对话框

❷ 单击 Internet Explorer 工具栏中的 ☆收藏夹 按钮，弹出【收藏夹】窗口，如图 11.20 所示。

单击【收藏夹】窗格中的 添加... 按钮，弹出【添加到收藏夹】对话框，单击

确定 按钮，将当前浏览的网页添加入【收藏夹】。

图 11.20 【收藏夹】窗口

❸ 直接右键单击要添加到收藏夹网页的空白区域，在弹出的菜单中选择【添加到收藏夹】命令，添加网页到收藏夹，如图 11.21 所示。

图 11.21 利用右键菜单命令添加网页到收藏夹

11.3.2 整理"收藏夹"

利用【整理收藏夹】选项卡可整理收藏夹中的内容。

选择【收藏】→【整理收藏夹】命令，或者在【收藏夹】窗格中单击 整理... 按钮，弹出【整理收藏夹】选项卡，如图 11.22 所示。单击 创建文件夹(C) 按钮，在收藏夹中创建一个文件夹，如图 11.23 所示。

选中收藏夹中的网页或者文件夹，单击 重命名(R) 按钮，可自定义其名称，如图 11.24 所示。选中收藏夹中的网页或者文件夹，例如选择【天气预报-NMC】网页，单击 移至文件夹(M)... 按钮，弹出【浏览文件夹】对话框，如图 11.25 所示。

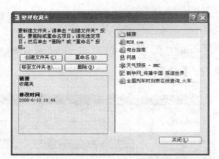
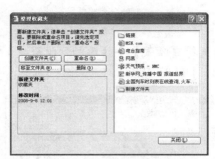

图 11.22 【整理收藏夹】选项卡　　　　　图 11.23　在【收藏夹】中新建文件夹

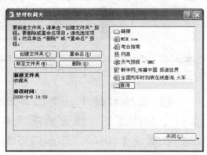

图 11.24　重命名文件夹　　　　　图 11.25　【浏览文件夹】对话框

选择目标文件夹，例如【查询】，单击 确定 按钮，可将选中内容转移到目标文件夹，如图 11.26 所示。

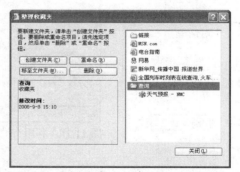

图 11.26　转移网页到指定文件夹的结果

选中收藏夹中的网页或者文件夹，单击 删除(D) 按钮，可删除选中网页。

11.3.3　访问收藏网页

访问收藏网页有两种常用的方法。

❶ 选择【收藏】菜单，在弹出的二级菜单中单击将要访问的网页，如图 11.27 所示，浏览器将打开所选网页。

❷ 单击 收藏夹 按钮，在【收藏夹】窗口中单击所要访问的网页，浏览器将打开所选网页，如图 11.28 所示。

图 11.27 在【收藏】菜单中选择收藏的网页

图 11.28 利用【收藏夹】窗口打开收藏网页

11.4 使用"媒体"窗格享受网上音乐

Internet Explorer 浏览器对网络多媒体的支持也很出色，利用【媒体】窗口，用户可以畅游乐海，享受网络音乐带来的乐趣。

在"百度"MP3 网站，有大量的音乐可以试听。用户可以在搜索引擎中搜索自己喜欢的音乐，例如搜索"高山流水"，搜索结果如图 11.29 所示。

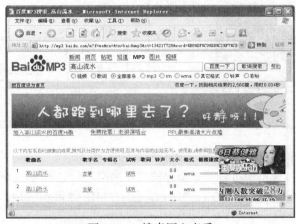

图 11.29 搜索网上音乐

单击搜索结果后面的【试听】超链接，可弹出【媒体】窗口，如图 11.30 所示。

图 11.30 【媒体】窗口

用户使用【媒体】窗格中的播放控制按钮，对音乐进行暂停、继续、停止和调节音量等操作。

11.5 保存、打印网页或网页图片

Internet Explorer 浏览器可将浏览网页保存到本地计算机上，还可将网页或网页中的图片打印成纸质文件，使用户能对网上获得的信息进行多样化处理。

11.5.1 保存网页

打开所要保存的网页，选择【文件】→【另存为】命令，如图 11.31 所示。

在弹出的【保存网页】对话框中选择所要保存网页的文件夹，单击 保存(S) 按钮，即可保存本网页，如图 11.32 所示。

图 11.31 【另存为】命令

图 11.32 【保存网页】对话框

> **提示**
>
> 【文件名】文字编辑框中可以定义保存网页的名称。
>
> 【保存类型】下拉选框中可以选择保存的文件类型，包括"网页，全部（*.htm;*.html）"；"Web 档案，单一文件（*.mht）"；"网页，仅 HTML（*.htm;*.html）"和"文本文件（*.txt）" 4 种类型。
>
> 【编码】可以选择保存网页的语言种类。

11.5.2 保存网页中的图片

在 Internet Explorer 中保存网页中的图片有两种方法。当鼠标指向要保存的图像，图像工具栏将出现在图像的左角上，如图 11.33 所示。单击■按钮，弹出【保存图片】对话框，如图 11.34 所示，选择保存图片的文件夹后单击 保存(S) 按钮，将所选图片保存至指定位置。

图 11.33　图像工具栏

图 11.34　【保存图片】对话框

　　另一种方法是右键单击所要保存的图片，在弹出的菜单中选择【图片另存为】命令，
即可保存所选图片。

11.5.3　打印网页或网页图片

　　选择【文件】→【打印】命令，如图 11.35 所示，即可打印当前网页。

图 11.35　打印网页

　　单击图像工具栏中的  按钮，或者右键单击所选图片，在弹出的菜单中选择【打印图
片】命令，也可对所选图片进行打印。

11.6 脱机浏览

Internet Explorer 不仅能在计算机连接到互联网的情况下浏览网页，也可以在断开网络的情况下浏览相应网页。

11.6.1 转为脱机或联机

选择【文件】→【脱机工作】命令，如图 11.36 所示。

浏览器进入脱机状态，浏览器状态栏出现 图标，如图 11.37 所示。

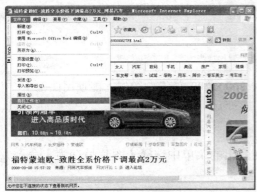

图 11.36 选择【脱机工作】命令　　　　图 11.37 脱机工作状态

脱机状态下再次选择【文件】→【脱机工作】命令，即可转为联机状态。

11.6.2 设置"收藏夹"中的内容为脱机查看

选择【收藏】→【整理收藏夹】命令，在弹出的【整理收藏夹】选项卡中选定要脱机浏览的网页，例如"网易"，如图 11.38 所示。

选中左侧命令按钮下方区域中的【允许脱机使用】选项，如图 11.39 所示。

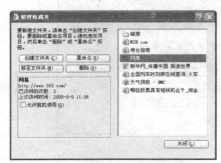
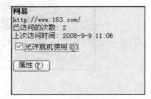

图 11.38 选择设置脱机浏览的网页　　图 11.39 选中【允许脱机使用】选项

单击 关闭(L) 按钮，弹出【正在同步】对话框，如图 11.40 所示。

在完成同步后，将弹出【同步已完成】对话框，如图 11.41 所示。

图 11.40　【正在同步】对话框

图 11.41　完成同步

设置完成后，用户在脱机状态下单击【收藏夹】窗格中的"网易"，即可在脱机状态下浏览该网页，如图 11.42 所示。

图 11.42　脱机浏览网页

11.6.3　使用"历史"文件夹进行脱机浏览

在脱机状态下，用户还可以单击工具条中的 ⊘ 按钮，弹出【历史记录】窗口，如图 11.43 所示。在【历史记录】窗口中单击想要浏览的网页，即可实现脱机浏览该网页，如图 11.44 所示。

图 11.43　打开【历史记录】窗格

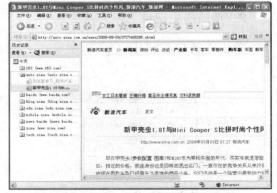

图 11.44　脱机浏览"历史"文件夹中的网页

11.7　浏览器其他设置与应用

在保护用户隐私和保护浏览器安全方面，Internet Explorer 也有不俗表现。它能够清除用户在使用浏览器时留下的记录，定义浏览器的安全级别。

11.7.1　清除电脑的"记忆"

选择【工具】→【Internet 选项】命令，弹出【Internet 选项】选项卡，选择【常规】选项卡，如图 11.45 所示。

1. 删除 Internet 临时文件

在【常规】选项卡的【Internet 临时文件】区域中单击 删除 Cookies(I)... 按钮，弹出【删除 Cookies】对话框，如图 11.46 所示，单击 确定 按钮，可删除【Temporary Internet Files】文件夹中所有的 Cookies 文件。

图 11.45　【常规】选项卡

图 11.46　【删除 Cookies】对话框

单击 删除文件(F)... 按钮，弹出【删除文件】对话框，如图 11.47 所示。单击 确定 按钮，可删除 Internet 临时文件夹中的所有内容，若选中【删除所有脱机内容】，可同时删除脱机文件。

2. 清除历史记录

单击【历史记录】区域中的 清除历史记录(H) 按钮，弹出【Internet 选项】对话框，如图 11.48 所示。

图 11.47　【删除文件】对话框

图 11.48　【Internet 选项】对话框

单击 是(Y) 按钮，可删除已访问网站的历史记录。

3. 清除表单记录

选择【工具】→【Internet 选项】命令，弹出【Internet 选项】选项卡，选择【内容】选项卡，如图 11.49 所示。单击【个人信息】区域中的 自动完成(U)... 按钮，弹出【自动完成设置】选项卡，如图 11.50 所示。

图 11.49　【内容】选项卡　　　　　图 11.50　【自动完成设置】选项卡

单击 清除表单(C) 按钮，可清除浏览器中保存的除密码外的所有表单内容。

单击 清除密码(L) 按钮，可清除浏览器中保存的所有密码。

11.7.2　设置安全级别

选择【工具】→【Internet 选项】命令，弹出【Internet 选项】选项卡，选择【安全】选项卡，如图 11.51 所示。

在【请为不同区域的 Web 内容指定安全设置】区域中有【Internet】、【本地 Intranet】、【受信任的站点】和【受限制的站点】4 个选项图标，单击某个图标，【该区域的安全级别】区域将显示所选项目的安全级别，例如选择【Internet】选项，该区域则显示【Internet】选项的安全级别设置。

单击 自定义级别(C)... 按钮，弹出【安全设置】选项卡，如图 11.52 所示。

图 11.51　【安全】选项卡　　　图 11.52　【安全设置】选项卡　　　图 11.53　移动滑块设置安全级别

用户可在该选项卡中手动选择 Internet Explorer 的安全设置，也可在【重置为】下拉选单中选择安全级别，本下拉选单提供了高、中、中低和低 4 种安全级别。

单击 默认级别 (D) 按钮，用户可移动左侧的滑动块来设置该区域的安全级别，如图 11.53 所示。

设置完毕后单击 应用 (A) 按钮，保存设置。

11.7.3 下载 Flash 文件的技巧

用户在网上欣赏 Flash 影片时，右键单击网页空白区域，在弹出的菜单中选择【查看源文件】命令，如图 11.54 所示，弹出网页的源文件窗口。

在源文件窗格中选择【编辑】→【查找】命令，如图 11.55 所示，弹出【查找对话框】。

图 11.54 选择【查看源文件】命令

图 11.55 选择【查找】命令

在【查找】对话框中输入 ".swf"，如图 11.56 所示。

单击 查找下一个 (F) 按钮，可查找出 Flash 影片的文件名，查找结果如图 11.57 所示，"1220344856_83052.swf" 是本 Flah 影片的文件名。

选择【工具】→【Internet 选项】→【常规】选项卡，单击 设置 (S)... 按钮，弹出【设置】选项卡，如图 11.58 所示。

单击 查看文件 (V)... 按钮，在弹出的【Temporary Internet Files】文件夹中找到 Flash 文件 "1220344856_83052.swf"，如图 11.59 所示。

图 11.56 输入 ".swf"

图 11.57 查找结果

图 11.58　【设置】选项卡　　　　　　　　图 11.59　查找 Flash 文件

找到 Flash 文件后，用户复制并粘贴目标文件到指定文件夹，即可完成 Flash 文件的下载。

11.8　网上不良信息的屏蔽

Internet Explorer 的【分级审查】功能可帮助用户屏蔽网上不良信息。

选择【工具】→【Internet 选项】命令，弹出【Internet 选项】选项卡，选择【安全】选项卡，单击【分级审查】区域中的 启用(E)... 按钮，弹出【内容审查程序】选项卡，如图 11.60 所示。

此选项卡包含【级别】、【许可站点】、【常规】和【高级】4 个选项卡。

用户可在【级别】选项卡中设置【暴力】、【裸体】、【性】和【语言】4 种类别内容的级别。

在如图 11.61 所示的【许可站点】选项卡中，用户可对网站进行浏览限制，在【允许该网站】文本编辑框中输入要设置的网址，单击 始终(W) 按钮，允许浏览该网站，把网址添加到下方的网站列表中；单击 从不(N) 按钮，则拒绝浏览该网站，并把网址添加到下方的网站列表中。完成设置后单击 确定 按钮保存，弹出【创建监督人密码】对话框，用户可创建监督人密码，如图 11.62 所示。

图 11.60　【内容审查程序】选项卡　　图 11.61　【许可站点】选项卡　　图 11.62　【创建监督人密码】对话框

在如图 11.63 所示的【常规】选项卡中单击 更改密码(C)... 按钮，可以修改监督人密码。

启用【分级审查】功能后，浏览未经允许的网站将弹出【内容审查程序】对话框，如图 11.64 所示。若没有监督人密码，就无法浏览受限的网站，从而达到屏蔽不良信息的目的。

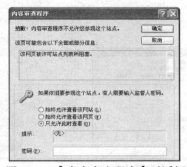

图 11.63 【常规】选项卡   图 11.64 【内容审查程序】对话框

11.9   本 讲 小 结

本讲介绍了如何利用互联网来辅助办公的应用，从介绍 Internet Explorer 的基本设置开始，结合实例演示，讲解了 Internet Explorer 综合应用。

通过本讲的学习，读者能够熟练应用 Internet Explorer 在互联网上搜索信息，能够保存或打印网页或网页图片，并能掌握 Internet Explorer 的基本安全设置和如何屏蔽不良信息等操作。

11.10   思考与练习

1．判断题
（1）利用 Internet Explorer 只能在线浏览网页。   （   ）
（2）用户可以自定义 Internet Explorer 主页。   （   ）
（3）利用媒体窗格欣赏网上音乐时用户不能进行播放控制。   （   ）
（4）在脱机浏览模式下，用户只能浏览脱机内容。   （   ）
（5）用户可删除 Internet Explorer 浏览器中的历史文件。   （   ）

2．上机操作题
设计一个为新员工介绍公司情况的演示文稿，介绍公司概况、主要业务和友好合作伙伴。

练习目标：
熟悉 **PowerPoint 2003** 的基本操作。

解题思路：
（1）根据幻灯片的内容选择不同的版式。
（2）格式化幻灯片中的内容。
（3）美化演示文稿。

第 **12** 讲　信息化办公辅助工具

▶ **本讲要点**

- 使用 ACD See 软件处理图片
- 使用杀毒软件查杀电脑病毒
- 使用 Outlook Express 处理电子邮件
- 使用 SnagIt 软件抓图
- 录音及播放电影的软件介绍

▶ **快速导读**

　　本讲介绍了图片处理能手 ACDSee，瑞星杀毒软件、木马克星，电子邮件管家 Outlook Express，抓图大师 SnagIt 和影音播放器 Windows Media Player 等多种信息化办公辅助工具软件的操作方法。

12.1 图像工具 ACDSee

ACDSee 广泛应用于图片的获取、管理、浏览和优化，且支持多种常用图片格式，是目前最流行的数字图像处理软件，操作界面如图 12.1 所示。

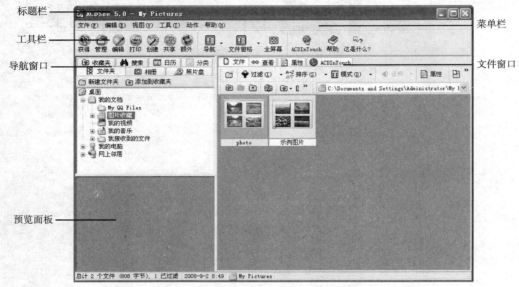

图 12.1 ACDSee 的工作界面

12.1.1 浏览图片

ACDSee 能自动关联所支持的图片格式，用户只需双击要浏览的图形文件，便能使用 ACDSee 进行浏览，如图 12.2 所示。

图 12.2 使用 ACDSee 浏览图片

单击工具栏中的 缩小 按钮，可缩小浏览图片，如图 12.3 所示。

单击工具栏中的 按钮，可放大浏览图片，如图 12.4 所示。

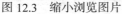

图 12.3　缩小浏览图片

图 12.4　放大浏览图片

用户也可以在导航窗口的【文件夹】选项卡中选择所要浏览图片所在的文件夹，如图 12.5 所示，文件窗口便显示文件夹内图片文件的缩略图，如图 12.6 所示。

图 12.5　选择图片文件夹

图 12.6　图片文件缩略图

单击缩略图中的图片，【预览面板】中将会出现所选图片的预览图，如图 12.7 所示。

> **提　示**
>
> 除了用鼠标控制选择文件窗口中的图片外，用户还可以用 ↑、↓、← 和 → 4 个键选择所要浏览的图片。

双击缩略图中的图片，可在图片浏览器中打开选择图片，如图 12.8 所示。

图 12.7　在预览面板中浏览图片

图 12.8　在图片浏览器中浏览图片

在此浏览器中，用户不仅能对图片进行缩放，还可以单击 按钮浏览上一张图片，或者单击 按钮浏览下一张图片。

12.1.2 转换图形文件的格式

ACDSee另外一个强大的功能就是转换图形文件的格式。

选定要转换格式的图片，选择【工具】→【格式转换】命令；或者右键单击所选图片，在弹出的快捷菜单中选择【转换】命令；也可使用快捷键 Ctrl+F，弹出【图像格式转换】选项卡，如图12.9所示。

在【格式】下拉选单中选择要转换为的图形文件格式，单击 确定 按钮，即可将所选图片转换为所需格式。若只需保留转换后的文件，选中【移去原始文件】选项即可。

上述方法也适用于批量图像格式转换。

图12.9 【图像格式转换】选项卡

| 提 示 |

单击 选项(0)... 按钮，在弹出的如图12.10所示的【图像转换选项】选项卡中可以定义转换后的文件保存在原文件夹或者其他指定位置、覆盖文件提示和保存修改日期等选项。

图12.10 【图像转换选项】选项卡

| 练一练 |

把一张BMP格式的图片转换为JPEG格式。

12.2 杀毒软件瑞星2008

瑞星杀毒软件2008是新一代信息安全产品，其特点为：使用主动防御技术，有效应对未知病毒的肆虐；使用即时升级策略，使病毒库保持最新；全新"木马强杀"技术，彻底查杀100余万种木马病毒，为用户的计算机安全提供了强有力的保障。

单击桌面上的"瑞星杀毒软件"图标，即可启动软件，工作界面如图12.11所示。

图 12.11 瑞星 2008 的工作界面

12.2.1 查杀电脑病毒

单击【全盘杀毒】命令，即可对计算机硬盘上的所有文件进行病毒查杀工作。用户也可以自定义查杀范围，单击【杀毒】命令，打开【杀毒】窗口，如图 12.12 所示。

用户只需在【对象】区域的【查杀目标】选单中选定需要进行病毒查杀处理的磁盘，然后单击 开始查杀 按钮，即可实现自定义范围查杀，如图 12.13 所示。

单击【杀毒】窗口下方的【更多信息】命令，可以打开【查杀信息】窗格，如图 12.14 所示。

【查杀对象信息】区域显示用户定义的查杀对象数量。

图 12.12 【杀毒】窗口

【查杀结果】区域显示当前查杀的对象、查杀的文件数量、查出的病毒数量、已经运行的时间和预计还需要的查杀时间等信息。

图 12.13 查杀病毒

图 12.14 【查杀信息】窗口

12.2.2 进行杀毒设置

在菜单中选择【设置】→【详细设置】命令，或者单击 查杀设置 按钮，即可弹出【详细设置】选项卡，如图 12.15 所示。

1. 手动查杀的设置

选择【手动查杀】，用户可对【安全级别】、【处理方式】和【查杀文件类型】进行设置，如图 12.16 所示。

图 12.15 【详细设置】选项卡   图 12.16 【手动查杀】选项卡

在【安全级别】选项卡中，除了软件为用户预置的高、中、低 3 种安全级别外，用户还可以自定义安全级别。单击 自定义级别 按钮，在弹出的【手动查杀】选项卡中定义手动查杀的安全级别，如图 12.17 所示。

在【处理方式】选项卡中包含 4 个下拉选单，如图 12.18 所示。

【发现病毒时】下拉选单提供了【询问我】、【清除病毒】、【删除染毒文件】和【不处理】4 种方式，用户可根据需要选择合适的方式。

【杀毒失败时】下拉列表提供了【询问我】、【删除染毒文件】和【不处理】3 种方式。

【隔离失败时】下拉列表提供了【询问我】、【清除病毒】、【删除染毒文件】和【不处理】4 种方式。

图 12.17 【手动查杀】自定义
安全级别选项卡

【杀毒结束后】下拉列表提供了【返回】、【退出】、【重启】和【关机】4 种方式。

在【查杀文件类型】选项卡中，用户可以定义查杀的文件类型，如图 12.19 所示。

图 12.18 【处理方式】选项卡   图 12.19 【查杀文件类型】选项卡

> ┤ 提 示 ├
>
> 快捷方式查杀的设置方法同上。

2. 定时查杀的设置

选择【定时查杀】，用户除了能对【安全级别】、【处理方式】和【查杀文件类型】进行设置外，还可以对【查杀频率】和【检测对象】进行定义，如图 12.20 所示。

【查杀频率】选项卡可以定义查杀频率和查杀时刻，如图 12.21 所示。

图 12.20 【定时查杀】选项卡　　　　　图 12.21 【查杀频率】选项卡

【检测对象】选项卡可以定义查杀的对象，如图 12.22 所示。

| 提 示 |

屏保查杀的设置方法同上。

3. 开机查杀的设置

选择【开机查杀】，用户可以定义查杀对象，如图 12.23 所示。

4. 嵌入式查杀的设置

选择【开机查杀】，用户可以定义嵌入对象，如图 12.24 所示。

图 12.22 【检测对象】选项卡

图 12.23 【开机查杀】选项卡　　　　　图 12.24 【嵌入式查杀】选项卡

12.2.3 监控中心的设置

瑞星杀毒软件 2008 包含监控中心组件，可对计算机进行全方位的监控，防止病毒程序或木马的肆虐。

选择【设置】→【监控设置】命令，弹出【监控设置】选项卡，如图 12.25 所示。

选择【文件监控】，用户可以定义文件监控的引擎查杀级别，如图 12.26 所示。

在【常规设置】选项卡中，用户可以定义"发现病毒时"、"清除病毒失败时"和"备份失败时"的操作。

图 12.25 【监控设置】选项卡　　　　　图 12.26 【文件监控】选项卡

【邮件监控】的设置同上。选择【文件监控】，用户可以定义"发现网页病毒时"的处理方式，如图 12.27 所示。

图 12.27 【网页监控】选项卡

12.2.4　在线查杀病毒

用户还可以使用瑞星 2008 提供的网络杀毒工具，对计算机病毒进行查杀。

在主菜单中单击【在线服务】按钮，弹出 IE 浏览器，自动链接到瑞星网站的客户服务中心网页，如图 12.28 所示。

单击网页右上角的【瑞星客户服务中心】下拉列表，选择【瑞星在线杀毒】命令，浏览器弹出【瑞星在线杀毒】网页，如图 12.29 所示，用户只需在登陆口输入卡号、密码和验证码，然后单击【开始在线杀毒】，即可对计算机进行在线杀毒。

图 12.28 瑞星客户服务中心网页　　　　图 12.29 瑞星在线杀毒网页

12.3　杀毒软件木马克星

随着网络技术的发展，计算机木马通过多种途径传播，盗取保密资料，严重威胁用户的隐私安全。"木马克星"是专门针对国际木马的软件，可以查杀千余种国际木马，受到广大用户的认可。

12.3.1　查杀电脑木马

双击桌面上的"木马克星"图标，即可启动"木马克星"，启动后自动扫描内存文件，如图 12.30 所示。

单击 按钮，打开【扫描硬盘】窗口，如图 12.31 所示。在此窗格，用户可以定义扫描的磁盘分区，也可以选定【扫描所有磁盘】，进行全盘扫描。

图 12.30　"木马克星"工作界面

图 12.31　【扫描硬盘】窗口

12.3.2　进行杀毒设置

用户也可以根据不同需要，对"木马克星"进行设置。选择【功能】→【设置】命令，弹出【iparmoroptions】选项卡。用户可对【公共选项】、【木马拦截】、【扫描选项】和【代理服务器】4 个选项进行定义。

在【公共选项】选项卡中可以定义软件的启动方式、是否发出声音警告、软件的界面和更新方式，如图 12.32 所示。

【木马拦截】选项卡可以定义木马的拦截方式等，如图 12.33 所示。

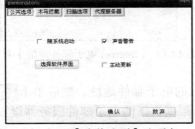

图 12.32　【公共选项】选项卡

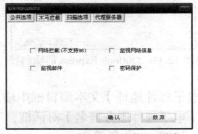

图 12.33　【木马拦截】选项卡

【扫描选项】选项卡可以定义扫描文件的类型，如图 12.34 所示。

【代理服务器】选项卡可以定义是否使用代理服务器和代理服务器的地址，如图 12.35 所示。

图 12.34 【扫描选项】选项卡   图 12.35 【代理服务器】选项卡

12.4   邮件工具 Outlook Express

信息化办公技术的日趋成熟使大多数人经常遇到收发电子邮件的问题。Windows XP 为用户内置了专业的电子邮件管理软件 Outlook Express，为用户提供了很大的便利。

12.4.1   设置用户帐户

选择【开始】→【所有程序】→【Outlook Express】命令，即可启动 Outlook Express。首次启动时将打开 Outlook Express 启动向导，用户可根据向导的提示配置 Outlook Express，如图 12.36 所示。

在【显示名】文本编辑框中输入发件人名称，单击 下一步(N) > 按钮，进入【Internet 电子邮件地址】对话框，如图 12.37 所示。

图 12.36   Outlook Express 启动向导   图 12.37 【Internet 电子邮件地址】对话框

在【电子邮件地址】文本编辑框中输入自己的电子邮件地址，然后单击 下一步(N) > 按钮，进入【电子邮件服务器名】对话框，用户可根据自己的电子邮件服务器设置电子邮件服务器名，如图 12.38 所示。

单击 下一步(N) 按钮，弹出【Inrernet Mail 登录】对话框，分别在【帐户名】和【密码】文字编辑框中输入电子邮件的帐户名和密码，如图 12.39 所示。

图 12.38　【电子邮件服务器名】对话框　　　　图 12.39　【Internet Mail 登录】对话框

单击 下一步(N) 按钮，弹出【恭贺您】对话框，单击 完成 按钮，完成帐户配置。

| 提　示 |

有些邮件服务器需要用户设定 POP/SMTP 服务，本例新浪邮件系统就需要用户设置是否开启 POP/SMTP 服务，打开电子邮件网页，如图 12.40 所示。

图 12.40　新浪电子邮件网页

单击【邮箱设置】超链接，打开【邮箱设置】页面，如图 12.41 所示。

单击【帐户】超链接，打开【帐户信息】页面，在页面下方的【POP/SMTP 设置】中选定【开启】选项，如图 12.42 所示，然后单击 保存 按钮，退出邮箱即可使用 Outlook Express 管理邮件了。

图 12.41　邮箱设置页面　　　　　　　图 12.42　开启 POP/SMTP 服务

12.4.2 发送邮件

Outlook Express 的工作界面非常简洁，如图 12.43 所示。

菜单栏 —————

工具栏

文件夹窗格 —————

浏览窗格

联系人窗格 —————

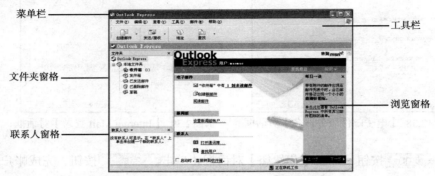

图 12.43 【Outlook Express】工作界面

使用 Outlook Express 发送邮件非常方便，单击 Outlook Express 工具栏中的 按钮，弹出【新邮件】对话框，如图 12.44 所示。

用户只需在【新邮件】对话框中编辑邮件的内容，如图 12.45 所示，然后单击 按钮即可发送邮件。

图 12.44 【新邮件】对话框

图 12.45 编辑邮件内容

| 提 示 |

　　【收件人】文本编辑框：在此用户需要输入收件人的电子邮件地址，可以输入多个收件人地址，各个收件人地址之间需要用英文逗号隔开。

　　选择【插入】→【文件附件】命令，可以添加附件。

12.4.3 接收和阅读邮件

单击 Outlook Express 工具栏中的 按钮（如图 12.43 所示），即可收发电子邮件，如图 12.46 所示。

单击【文件夹列表】中的【收件箱】，可查看电子邮件列表，单击邮件列表中的邮件，则可以在列表下面的预览窗口阅读邮件，如图 12.47 所示。

图 12.46 收发邮件   图 12.47 阅读邮件

12.4.4 回复和转发邮件

用户选定需要回复的邮件，单击工具栏中的 <img>按钮（如图 12.47 所示）或者右键单击邮件，在弹出菜单中选择【答复发件人】命令，即可弹出【Re：新邮件】选项卡，如图 12.48 所示。用户只需输入邮件主题和内容，如图 12.49 所示，然后单击 <img>按钮，即可回复邮件。

选定需要转发的邮件，单击工具栏中的 <img>按钮（如图 12.47 所示）或者右键单击邮件，在弹出菜单中选择【转发】命令，即可弹出【Fw：新邮件】选项卡，如图 12.50 所示，用户只需输入收件人邮箱地址后单击 <img>按钮，即可转发邮件。

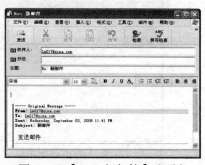

图 12.48 【Re：新邮件】选项卡

图 12.49 编辑回复邮件   图 12.50 转发邮件

12.4.5 设置已读邮件

右键单击未读邮件，在弹出的菜单中选择【标记为"已读"】命令，即可标记已读邮件，如图 12.51 所示。使用同样方法也可以将已读邮件标记为未读邮件。

图 12.51   标记已读邮件

12.4.6   添加联系人

单击工具栏中的 [地址] 按钮（如图 12.43 所示），弹出【通讯簿－主标识】选项卡，如图 12.52 所示。

在此选项卡中单击 [新建] 按钮，在弹出的菜单中选择【新建联系人】命令，弹出【属性】选项卡，如图 12.53 所示。在此选项卡中编辑联系人的资料，单击 [确定] 按钮保存。

图 12.52 【通讯簿－主标识】选项卡

图 12.53 【属性】选项卡

> **提 示**
>
> 用户也可右键单击收到的邮件，在弹出的菜单中选择【将发件人添加到通讯簿】命令，快速添加联系人。

> **练一练**
>
> 设置自己的 Outlook Express 帐户，并用 Outlook Express 查看新邮件。

12.5   抓图工具 SnagIt

SnagIt 是一款优秀的图形捕捉软件，它支持多种类型捕捉方式，捕捉范围也极其灵活，还可以通过内嵌编辑器对捕捉结果进行修改，是进行图形捕捉工作的首选工具软件。

菜单栏

快速启动栏

相关任务栏

方案窗口

方案设置窗口

图 12.54　SnagIt 工作界面

12.5.1　修改快捷键

用户可以自定义 SnagIt 的抓图快捷键，选择【工具】→【程序参数设置】命令，弹出【程序参数设置】选项卡，如图 12.55 所示。

图 12.55　【程序参数设置】选项卡

用户可以在【热键】选项卡中根据自己的习惯设置【全局捕捉热键】、【隐藏/显示热键】和【重复最后的捕获热键】。

12.5.2　抓取和保存图像

SnagIt 为用户提供了【范围】、【窗口】、【全屏幕】、【滚动窗口】和【Web 页（保留链接）】5种抓图方案，用户可以根据不同需要选择相应的方案，再配合自定义的快捷键轻松实现图像捕捉。

【范围】方案：使用本方案，用户需先按下快捷键，然后单击并按住鼠标左键，通过拖拽选择抓图区域，释放按键完成捕捉，如图 12.56 所示。

【窗口】方案：使用本方案，用户按下快捷键后，单击所要抓取的窗口即可完成捕捉，如

图 12.56　使用【范围】方案抓图

图 12.57 所示。

【全屏幕】方案：使用本方案，用户在选择需要捕捉的内容后，按下快捷键即可完成全屏幕捕捉。

【滚动窗口】方案：使用本方案，用户在按下快捷键后单击滚动条窗口，即可完成对滚动条窗口中内容的捕捉，如图 12.58 所示。

图 12.57　使用【窗口】方案抓图　　　　图 12.58　使用【滚动窗口】方案抓图

【Web 页（保留链接）】方案：使用本方案，用户只需在按下快捷键后单击所要捕捉的网页，即可完成捕捉，捕捉到的图片附带有该网页中的链接/热点。

完成图像捕捉之后，SnagIt 会弹出【SnagIt 捕捉预览】编辑器，如图 12.59 所示，用户可在此编辑器中对捕捉的图像进行简单的编辑，待图像符合要求后再进行保存。

选择【文件】→【另存为】命令或者单击 ▦ 按钮，弹出【另存为】对话框，如图 12.60所示，图像文件命名后，选择保存位置，单击 保存(S) 按钮，即完成文件的保存。

图 12.59　【SnagIt 捕捉预览】编辑器　　　　图 12.60　【另存为】对话框

12.5.3　连续抓图

SnagIt 还具有连续抓图的强大功能，具体设置方法如下：

首先选择【捕获】→【输出】→【文件】选项，然后选择【捕获】→【输出】→【属性】命令，在弹出的【输出属性】选项卡中选择【图像文件】选项卡，如图 12.61所示。

在【图像文件】选项卡的【文件格式】区域中定义捕提到的图像文件的保存的格式，在【文件名】区域中定义保存文件的文件名称，在【文件夹】区域定义保存文件的文件夹。

最后选择【捕获】→【计时器设置】命令，在弹出的【计时器设置】选项卡中选择【捕获定时器】选项卡，如图 12.62 所示。

图 12.61 【图像文件】选项卡

图 12.62 【捕获定时器】选项卡

在此选项卡中选定【启用定时激活捕获】选项，并按照需要在【周期】区域定义捕获图像的周期。

以上设置完成后，用户选择需要捕捉的内容，按下快捷键即可开始捕捉，再次按下快捷键可结束捕捉，捕捉到的图像将按照用户定义的文件格式保存到指定文件夹。

12.6   使用 Windows 媒体工具

Windows XP 提供了录音机和 Windows Media Player 播放器两种媒体工具，用户可以使用它们录制声音和播放影音文件。

12.6.1   录下自己的声音

选择【开始】→【程序】→【附件】→【娱乐】→【录音机】命令，即可启动录音机组件，界面如图 12.63 所示。要录制声音，首先要选择录音设备：选择【编辑】→【音频属性】命令，弹出【声音属性】选项卡，如图 12.64 所示。

图 12.63   录音机工作界面

图 12.64 【声音属性】选项卡

在【录音】区域单击 音量(0)... 按钮，弹出【录音控制】选项卡，选定【麦克风】选项，如图 12.65 所示。单击 ● 按钮，进行声音录制，如图 12.66 所示。

单击 ■ 按钮可停止录制，单击 ▶ 按钮可对录制声音进行播放，单击 ◀◀ 按钮，时间轴跳至声音开始位置，单击 ▶▶ 按钮，时间轴跳至声音结束位置。

声音录制完毕后，选择【文件】→【保存】命令，即可保存录制的声音文件。

图 12.65　选定麦克风

图 12.66　录制声音

12.6.2　使用媒体播放器 Windows Media Player 播放影片

媒体播放器 Windows Media Player 支持多种媒体格式，可播视频电影剪辑文件（.AVI）、Windows 视频、波形文件（.WAV）、CD 唱片和 VCD 影碟等。

选择【开始】→【程序】→【Windows Media Player】命令，启动 Windows Media Player 播放器，界面如图 12.67 所示。

选择【文件】→【打开】命令，弹出【打开】对话框，如图 12.68 所示，选择所要播放的视频文件，单击 打开(0) 按钮，便可播放选定的影片了。播放效果如图 12.69 所示。

单击 ▶ 按钮开始播放影片，单击 Ⅱ 按钮暂停播放，单击 ■ 按钮停止播放，单击 ◀◀ 按钮跳回上一个媒体文件，单击 ▶▶ 按钮跳至下一个媒体文件。

图 12.67　Windows Media Player 界面

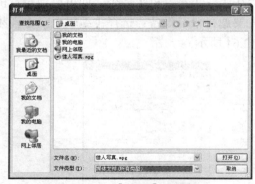

图 12.68　【打开】对话框

图 12.69　播放影片

12.7　常见多媒体播放工具

随着数字多媒体技术的不断发展，一批优秀的媒体播放工具也应运而生，其中比较著名的音频播放工具有"千千静听"，功能比较强大的视频播放软件有"暴风影音"。

"千千静听"是一款完全免费的音频播放软件,拥有自主研发的全新音频引擎,支持几乎所有的音频格式,还支持高级采样频率转换和多种比特输出方式,界面如图 12.70 所示。

"千千静听"强大而完善的同步歌词功能也倍受用户喜爱和推崇。在播放歌曲的同时,"千千静听"可以自动连接到庞大的歌词库服务器,下载相匹配的歌词,并以卡拉 OK 式效果同步滚动显示,并支持鼠标拖动定位播放;另有独具特色的歌词编辑功能,可以自己制作或修改同步歌词,还可以直接将自己精心制作的歌词上传到服务器,实现与他人共享。

"暴风影音"采用 NSIS 封装,为标准的 Windows 安装程序,具有稳定灵活的安装、卸载、维护和修复功能,并对集成的解码器组合进行了尽可能的优化和兼容性调整,适合大多数以多媒体欣赏或简单制作为主要使用需求的用户。其界面简洁大方,如图 12.71 所示。

图 12.70 "千千静听"界面　　　　　　图 12.71 "暴风影音"界面

"暴风影音"支持绝大多数影音文件,包括 RealMedia、QuickTime、MPEG2、MPEG4 (ASP/AVC)、VP3/6/7、Indeo、FLV 等流行视频格式;AC3/DTS/LPCM/AAC/OGG/MPC/APE/FLAC/TTA/WV 等流行音频格式;3GP/Matroska/MP4/OGM/PMP/XVD 等媒体封装及字幕支持等。它配合 Windows Media Player 最新版本,可完成当前大多数流行影音文件、流媒体、影碟等的播放而无需其他任何专用软件。

12.8　本讲小结

本讲对一些常见的信息化办公辅助工具软件进行了介绍,通过操作演示,用户应该能够熟练应用主流图像浏览软件 ACDSee 浏览图片,利用瑞星 2008 和木马克星查杀电脑病毒和木马程序,利用邮件管理工具 Outlook Express 管理电子邮件,使用抓图利器 SnagIt 捕捉图像,利用 Windows 媒体工具录制声音和播放多媒体文件,并且了解比较受欢迎的音频、视频播放软件等。

12.9　思考与练习

1. 单选题

(1) 使用 ACDSee 转换图片文件格式的快捷键是 (　　)。

　　A. Ctrl+I　　　　B. Ctrl+P　　　　C. Ctrl+S　　　　D. Ctrl+F

(2) 在瑞星 2008 中,单击全盘查杀将会 (　　)。

　　　　A．查杀内存引导区　　　　　　　B．查杀所有磁盘分区
　　　　C．查杀系统磁盘分区　　　　　　D．查杀光盘驱动器
（3）木马克星的杀毒设置选项卡包含（　　　）选项卡。
　　　　A．2　　　　　　　B．3　　　　　　　C．4
（4）Outlook Express 不能对邮件进行（　　　）操作。
　　　　A．发送　　　　　B．接收　　　　　C．隐藏　　　　　D．删除
（5）SnagIt 为用户提供了（　　　）种常用的捕捉方案。
　　　　A．4　　　　　　　B．5　　　　　　　C．6

2．判断题

（1）ACDSee 可以将 BMP 格式的图片转换为 JPEG 格式。　　　　　　　　（　　）
（2）使用瑞星 2008 只能查出病毒文件。　　　　　　　　　　　　　　　　（　　）
（3）Outlook Express 可以收发电子邮件。　　　　　　　　　　　　　　　（　　）
（4）SnagIt 可以捕捉网页中的超链接。　　　　　　　　　　　　　　　　（　　）
（5）Windows Media Player 只能播放视频文件。　　　　　　　　　　　　（　　）

3．上机操作题

（1）利用 ACDSee，将 BMP 格式的图片转换为 GIF 格式。
（2）使用 Outlook Express 给朋友发送电子邮件。
（3）朗诵一首诗歌，并用录音机录制下来。

第 13 讲　常用办公设备的使用

▶ **本讲要点**

- 打印机的安装、共享和使用方法
- 复印机的操作和常见故障排除方法
- 数码相机数据的导入方法
- 移动存储设备的使用方法
- 刻录机的使用方法
- 扫描仪的安装和使用方法

▶ **快速导读**

　　本讲着重介绍打印机的安装、共享、使用和故障排除方法以及复印机、数码相机、移动设备、刻录机和扫描仪的常用使用方法。灵活掌握常用办公设备的使用，会使我们的工作更加轻松惬意！

13.1 安装和使用打印机

打印机（printer）是计算机的常见输出设备之一，用于将计算机处理的文字或图片信息打印输出到印刷介质上（如纸、胶片等）。打印机的种类很多，常见的有针式打印机、喷墨打印机和激光打印机，它正向轻、薄、短、小、低功耗、高速率和智能化方向发展。

目前，打印机已经成为办公和家庭中使用最多的输出设备，掌握其安装、共享和使用是一项基本技能。

13.1.1 安装打印机

打印机的安装分两步：硬件安装和驱动程序安装。如果是并口打印机，一般先接打印机，然后再装驱动程序；如果是 USB 接口的打印机，一般先装驱动程序，再接打印机。（具体查看说明书）

在安装本地打印机之前，首先要连接打印机。在关机的情况下，把打印机的数据线插入到计算机的 LPT1（或 USB）接口，然后接通电源，开机启动计算机，开始安装打印机驱动程序。由于 Windows XP 自带了一些硬件的驱动程序，在启动计算机的过程中，系统会自动搜索新硬件并加载其驱动程序。若没有自动加载，就需要使用打印机厂商附带的光盘，进行手动安装。安装步骤如下。

❶ 选择【开始】→【设置】→【控制面板】命令，如图 13.1 所示。打开【控制面板】窗口，如图 13.2 所示。单击【打印机和其他硬件】图标，打开【打印机和其他硬件】窗口，如图 13.3 所示。

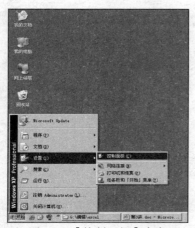

图 13.1 【控制面板】命令

图 13.2 【控制面板】窗口

图 13.3 【打印机和其他硬件】窗口

❷ 单击 添加打印机 图标, 启动【添加打印机向导】对话框, 如图 13.4 所示。提示用户应注意的事项, 单击 下一步(N) 按钮。

图 13.4 【添加打印机向导】对话框

❸ 打开【本地或网络打印机】对话框, 如图 13.5 所示, 用户可以选择安装本地打印机, 也可以安装网络打印机, 在这里选择【连接到此计算机的本地打印机】单选框, 选择【自动检测并安装即插即用打印机】复选框, 单击 下一步(N) 按钮。

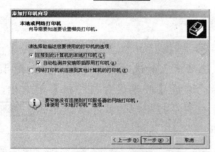

图 13.5 【本地或网络打印机】对话框

❹ 出现【新打印机检测】对话框, 如图 13.6 所示, 单击 下一步(N) 按钮。

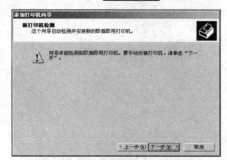

图 13.6 【新打印机检测】对话框

❺ 打开【选择打印机端口】对话框, 系统推荐的打印机端口是 LPT1, 如图 13.7 所示, 单击 下一步(N) 按钮。

图 13.7 【选择打印机端口】对话框

❻ 打开【安装打印机软件】对话框, 如图 13.8 所示, 单击 下一步(N) 按钮。

图 13.8 【安装打印机软件】对话框

❼ 打开【命名打印机】对话框, 用户可以在【打印机名】文本框中为自己安装的打印机起名, 如图 13.9 所示。单击 下一步(N) 按钮。

图 13.9 【命名打印机】对话框

❽ 打开【打印测试页】对话框, 如图 13.10 所示, 选择【是】单选框, 打印机开始打印测试页。单击 下一步(N) 按钮。

❾ 出现【正在完成添加打印机向导】对话框, 如图 13.11 所示。单击 完成 按钮, 关闭【添加打印机向导】对话框。

❿ 在完成【添加打印机向导】后, 屏幕上会出现【正在复制文件】对话框, 复制完成, 添加工作也就全部完成。在【打印机和其他硬件】窗口中会出现刚添加的打印机图标。

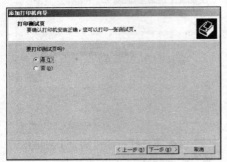

图 13.10 【打印测试页】对话框

图 13.11 【正在完成添加打印机向导】对话框

13.1.2 共享打印机

在很多情况下，为了节约使用成本，用户需要共享打印机设备。设置打印机共享的步骤如下。

提供打印机共享服务（共享方）。

❶ 按上节方法打开【打印机和其他硬件】窗口，单击 🖨️ 打印机 和传真 图标。

❷ 打开【打印机和传真】窗口，选择要共享的打印机，单击右键，在弹出的快捷菜单上选择【共享】命令，如图 13.12 所示。

❸ 根据计算机上是否启用了共享，【共享】选项卡上的选项会各不相同，如图 13.13 所示。选择【共享这台打印机】单选框，然后输入共享打印机的共享名，单击 确定 按钮。

图 13.12 选择【共享】命令

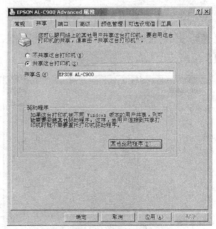

图 13.13 【共享】选项卡

使用打印机共享服务（客户方）。

❶ 按上述方法打开【打印机和传真】窗口，选择【添加打印机】，启动【添加打印机向导】对话框，如图 13.14 所示，单击 下一步(N) 按钮。

图 13.14　【添加打印机向导】对话框

❷ 打开【本地或网络打印机】对话框，如图 13.15 所示，选择【网络打印机或连接到其他计算机的打印机】单选框，单击 下一步(N) 按钮。

❸ 打开【指定打印机】对话框，如图 13.16 所示，选择【连接到这台打印机】单选框，输入共享打印机名称，单击 下一步(N) 按钮。

图 13.15　【本地或网络打印机】对话框

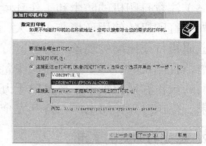

图 13.16　【指定打印机】对话框

❹ 此时出现打印机驱动程序安装提示，单击 确定 按钮，选择与该打印机相对应的驱动程序，根据系统提示完成安装。

13.1.3　使用打印机

常见的打印机有针式打印机、喷墨打印机和激光打印机等。分别如图 13.17～图 3.19 所示。针式打印机主要打印一式两联或三联票据等，使用范围有限。喷墨打印机可以打印彩色照片和文档等，打印效果好，成本比较低，但速度慢，噪音大，适合打印任务不大的用户。激光打印机速度快，噪音小，但成本较高。目前市面上常见的打印机品牌有爱普生（EPSON）、佳能（CANON）、惠普（HP）等。后两者使用更为广泛，下面着重介绍他们的使用。

图 13.17　针式打印机

图 13.18　喷墨打印机

图 13.19　激光打印机

1. 喷墨打印机的使用

（1）需要打印时再开打印机。

有的喷墨打印机只要一开机就会清洗喷头，进行充墨动作。这样会浪费许多墨水，还会缩短打印机的使用寿命。所以一般情况下，用户最好在需要打印材料时再打开打印机电源。

（2）定期开机。

如果长时间不开打印机，尽管打印机的喷嘴部分有保护盖保护，但喷嘴内的墨水是溶剂型的，挥发性强。挥发后，剩余的墨就会附着在管壁上或聚集成块，导致喷头堵塞。所以正常情况下，即使不打印文件，用户也要一个月开机一次，让打印机自动充墨一次，保证喷嘴的畅通。

（3）批量打印。

把需要打印的文件或图片都放在一起打印，能够减少充墨的次数，起到省墨的目的。

（4）低分辨率打印。

对于一般的文稿，用户使用 150 的分辨率就足够，不要使用高分辨率或者照片打印模式。那样做一是浪费墨水，二是打印时间长。

（5）注意打印机的防尘和工作环境温度。

如果打印机的使用环境灰尘过大，会造成打印机的导轨过脏，小车左右移动时阻力过大，造成错行或撞墙的现象。另外，打印机的使用环境温度一般为 10℃～40℃。

清洁打印机时，尽量用干布或少量专用清洁剂，避免其腐蚀变形。清洁时重点清除机内洒漏的炭粉和残留纸末，擦拭时千万勿使硒鼓等部件出现人为划痕，否则会严重影响打印效果。擦拭时先关闭电源，待其完全干燥后方可打开电源，以免造成短路而烧毁元件。

2. 激光打印机的使用

使用激光打印机时，尽量不要使用信封类、纸质超厚或厚度不一致等不规则纸张。另外激光打印机在定影等工作时温度较高，因此禁止使用塑胶类材料打印，以免溶粘在辊轴上，引起机器传动故障。

在拆卸打印机时，要注意先关电源开关，再取下接口线。一定不要带电插拔打印机，以免烧坏打印机主板。

激光打印机的打印鼓是一个比较敏感的部件，属于打印机耗材，如图 13.20 所示。为了延长打印鼓的寿命，在打印草稿时，在驱动程序里应设置成比较低的分辨率和较浅的颜色。不要随便使打印鼓曝光，这样会造成机械性能的损坏，严重的还可能使打印鼓报废。

图 13.20　打印鼓

墨粉将要用完或墨粉重装以后，打印效果可能很差，如果取出打印鼓摇一摇再装好，打印效果就会好转（要等到打印鼓冷却下来后再进行，否则有可能被烫伤）。

使用激光打印机要定期清洁维护，分外部和内部除尘。当打印纸张上沾有残余墨粉时，必须清洁打印机内部。

（1）外部除尘：可以用拧干的湿布擦拭。如果外表面较脏，可用中性清洁剂，但不能使用挥发性液体（如稀释剂、汽油、喷雾型化学清洁剂）擦拭。

（2）内部除尘：一定谨慎小心。可以用柔软的干布擦拭，齿轮和导电端子可以用无水乙醇擦拭，感光鼓及墨粉盒可以用柔软的刷子除尘。注意扫描器窗口不能用手接触，也不能用酒精擦拭。

13.1.4　使用打印机的注意事项

（1）确保打印机在一个稳固的水平台面上工作。

（2）喷墨打印机的墨盒未使用完时，最好不要取下，以免造成墨水浪费或打印机对墨水的计量失误。

（3）喷墨墨水具有导电性，若漏洒在电路板上，应及时使用无水酒精擦拭，晾干后再通电，否则将损坏电路元件。

（4）使用打印机时，卡纸是很常见的现象。处理打印机卡纸时，最好先关掉打印机的电源，然后打开打印机盖，慢慢地抽出卡住的纸。注意不要用蛮力，以免撕破纸，带来不必要的麻烦。在无法取出卡纸的情况下，请找专业人士帮忙。

（5）更换激光打印机墨粉盒和感光鼓时，需注意以下几点：

■ 更换工作宜在较暗的环境中进行，切勿将感光鼓放在强光下。

■ 不能用手、不干净的物品或坚硬的物体触及感光鼓表面。若感光鼓有粉尘附着，只能用软毛刷轻轻刷去，不能使用任何清洁剂擦洗。

■ 不使用的新感光鼓和墨粉盒，请不要拆开包装，否则使其保质期从二年半减少为六个月。

■ 墨粉是有毒物质，建议不要用手接触墨粉，更不能让墨粉进入眼或口中。如果墨粉污染了手和衣服，应立即用水清洗。落在打印机内外的墨粉可用吸尘器吸除，并用无水酒精擦净。

13.2　复印机的使用

复印机是从书写、绘制或印刷的原稿得到等倍、放大或缩小的复印品的设备，也是常见的办公设备之一。复印机复印的速度快，操作简便，复印份数不太多时较为经济。

复印机的工作原理可分为光化学复印、热敏复印和静电复印三类。静电复印是现在应用最广泛的复印技术。

13.2.1　复印机的正确操作

复印机的操作步骤如下。

（1）预热。按下复印机的电源开关，开始预热。操作面板上应有指示灯显示，此时会显示复印信号或音频信号。

（2）检查原稿。观察原稿的纸张大小、张数、有无图片、是否清楚以及是否装订等。若不清楚，应在复印前在原稿上描写清楚。若有装订，能拆开的尽量拆开复印，避免原稿不平整，复印出现阴影。

（3）检查机器显示。检查操作面板上各项显示是否正常。主要有：复印信号、纸盒位置、复印数量显示为"1"、复印浓度调节显示及纸张尺寸等。

（4）放置原稿。根据稿台玻璃刻度板的指示、纸张尺寸和纵横方向放好原稿。若有顺序的原稿，应从最后一页开始。

（5）设置复印份数。按数字键设置复印份数。若设置有误可按 C 键重新再设。

（6）设定复印倍率，即设置放大和缩小比例。

（7）选择复印纸尺寸。根据原稿大小，若机内有所需的纸盒，面板上即可显示出来。

若无，则需更换纸盒。

（8）调节复印浓度。根据原稿纸张、字迹的色调深浅适当调节。若原稿纸张颜色较深，则应将复印浓度调浅些；若字迹浅、不清晰，则应调深些。复印图片时一般调淡。

13.2.2 复印机的故障排除

在使用的过程中，复印机可能会出现种种故障现象。下面以日常工作中经常碰到的故障进行讲解。

（1）经常卡纸。

故障分析与解决：首先弄清楚是哪个部位卡纸，是供纸部位、走纸部位，还是定影部位。当然，若有零件明显损坏，更换即可。若没有，从下面几个方面分析。

■ 供纸部位卡纸：这个部位卡纸，涉及的方面较多，首先应检查所用的纸是否合乎标准（如纸张尺寸、重量、干燥程度等），试机时要用标准纸。纸盒不规矩也是造成卡纸的原因，可以这样来试；在纸盒里只放几张纸，然后走纸，如果搓不进或不到位，可判定是搓纸轮或搓纸离合器的问题；如果搓纸到位，但纸不能继续前进，则估计是对位辊打滑或对位离合器失效所致。对有些机型，搓纸出现歪斜，可能是纸盒两边夹紧力大小不等引起的。另外，许多操作人员在插放纸盒时用力过大，造成纸盒中上面几张纸脱离卡爪，也必然会引起卡纸。

■ 走纸部位卡纸：如在这个部位经常卡纸，应借助于门开关压板（一种工具）仔细观察这一部位运转情况，在排除了传送带、导正轮的因素后，应检查分离机构。

■ 定影部位卡纸：当定影辊分离爪长时间使用后，其尖端磨钝或小弹簧疲劳失效后，都会造成卡纸。对有些机型，出纸口的输纸辊长时间使用严重磨损后，也会频繁卡纸。至于定影辊严重结垢后造成的卡纸，在一般机型上都是常见的情况。

（2）清洁辊被墨粉污染。

卸下清洁辊，将其浸入去污力强的洗衣粉水中，用手轻轻揉洗毛毡，洗去上面的墨粉。反复漂洗干净，放入洗衣机内脱水，烘干（或晾干），涂上硅油，又可当一支半新的清洁辊用。

（3）输送带打滑。

由于机内长时间处于高温状态，致使输送带变长而打滑。卸下硒鼓组件、显影器、转印电极架，用镊子取下输送带从动轴卡簧，使输送带处于松弛状态，双手伸入机内，小心把每根输送带翻一个面，或卸下输纸部件，将输送带翻面，便能正常使用。

（4）复印品无图像。

应首先作常规检查，查看主带电器和转印带电器是否明显损坏，感光鼓是否转动，扫描灯亮度如何等，同时注意所用墨粉型号、添加载体的时间等。排除了以上因素后，应做如下操作：打开前盖，用开关压板将门开关接通，使复印机处于正常通电状态。在玻璃板上放好原稿，开机走纸，当纸输送到感光鼓下方时，关掉机器，卸下感光鼓，检查鼓上是否有图像，如有图像，说明问题出在转印部分，如无图像，说明问题出在主带电器部分和显影部分。

对转印部分和主带电器部分的故障，都有一套相应的检查处理方法，这里不再赘述。

（5）显影部分故障。

■ 显影辊驱动离合器失效，使显影辊无法转动；也可能是调整不当，造成刮刀与显影辊之间的间隙过小，致使离合器无法带动显影辊旋转。

■ 对有些型号的复印机，如 HP－270，显影器是靠锁紧杆压靠在感光鼓上的（保持一定间隙）。由于操作人员转动锁紧杆时动作过快过猛，造成锁紧杆扭曲变形，不能锁紧显影器，显影辊与感光鼓的间隙过大，墨粉不能跳到感光鼓上，也就出现了空白复印。

13.3　数码相机的使用

数码相机是目前较常用的图像输入设备，用户可将采集到（拍摄）的数字化图像信息输入到计算机存储，或作进一步处理。数码相机的使用及其与电脑连接导入图片已经成为现代生活的一项基本技能。

13.3.1　数码相机的连接

人们需要把数码相机中的图片导入电脑，在电脑中处理图片、传输信息或保存信息。

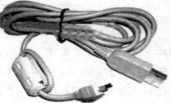

图 13.21　数码相机的数据线

数码相机与电脑连接的方法有如下两种：

（1）利用数码相机附带的数据线，如图 13.21 所示，直接将数码相机与个人电脑相连，这种方法使用非常普遍。

（2）将记录介质从数码相机上取下来后，通过读卡器等设备与个人电脑连接，这种方法在摄影界普遍采用。

这里重点讲解前者连接的具体步骤。

❶ 打开电脑，最好不要打开其他应用程序。

❷ 用购买数码相机时随机带的数据线，一端连接数码相机的 USB 接口，另一端连接电脑的 USB 接口，一定注意接口的方向，插不进去时不能硬插，以免差错或插反。

❸ 开启数码相机，计算机自动识别到数码相机。注意观察电脑发生的变化：是否提示有新的硬件安装了。如果有，双击桌面上【我的电脑】█████图标，在【有可移动存储的设备】栏中就会发现新增加了一个类似相机的"图标"，这就是数码相机中的数据了。这样，数码相机与电脑就连接成功了。如果没有，则需要安装相机自带的驱动程序。

提　示

必须使用相机附带的连接线，不同品牌相机的连接线不通用。

13.3.2　将数码相机中的图片导入电脑

数码相机与电脑连接之后，就可以把数码相机中的图片导入电脑了。方法是：

打开数码相机电源开关，使其处于浏览状态。双击桌面上【我的电脑】图标，在【可移动磁盘】中双击类似相机的"图标"，就可以看到数码相机中的图片了。选择需要导入电脑的图片，按 Ctrl+C 快捷键复制，选择图片在电脑中保存的位置，按 Ctrl+V 快捷键粘贴。这样数码相机中的图片就成功导入电脑中了。

13.4　使用移动存储设备

随着信息化社会的高速发展，移动存储设备近年来已经成为广大用户办公和学习的必备之物，下面介绍目前最流行的移动存储设备。

13.4.1　使用 U 盘

U 盘相对普通存储设备，具有存储容量大、体积小、移动方便、数据较安全等优势，越来越受到人们的青睐。使用 U 盘很简单，方法如下。

❶ 打开电脑，将 U 盘的 USB 接口插入到电脑的 USB 接口（注意方向），此时在【状态栏】的右边会增加图标，说明 U 盘与电脑连接成功。

❷ 双击桌面上【我的电脑】图标，打开【我的电脑】窗口，在【有可移动存储的设备】栏会新增加图标，如图 13.22 所示，双击该图标，即可查看 U 盘中的信息并对其进行操作。

图 13.22　【我的电脑】窗口

❸ 使用完后，即可退出 U 盘：单击【状态栏】右边的图标，即可出现安全删除 USB Mass Storage Device - 驱动器(I:)按钮，单击

该按钮，即可提示"安全地移除硬件"信息。还可以双击【状态栏】右边图标，会弹出【安全删除硬件】对话框，如图 13.23 所示。单击停止(S)按钮，弹出【停用硬件设备】对话框，如图 13.24 所示。单击确定按钮，即可提示"安全地移除硬件"信息。拔出 U 盘即可。

图 13.23　【安全删除硬件】对话框

图 13.24　【停用硬件设备】对话框

　　虽然使用很简单，但还是有一些事项需要注意，不正确的使用方法会导致数据的丢失，甚至造成 U 盘的损坏。

　　■　U 盘保管：在不使用 U 盘时，应该用盖子把 U 盘盖好，放在干燥阴凉的地方，避免阳光直射 U 盘。在移动 U 盘时，要小心轻放，防止跌落造成外壳松动。不要触摸 U 盘的 USB 接口，防止氧化导致接触不良，引起电脑无法识别。

　　■　插拔要领：在 U 盘的 USB 接口插入到电脑的 USB 接口时，一定注意方向，并且在拔下后也不要马上接着就插入，等待 5 秒钟左右再插入。一般来说，U 盘的 LED 指示灯亮的时候不能拔下 U 盘，这说明 U 盘正在工作，强行拔出会造成损坏。

13.4.2　使用移动硬盘

　　移动硬盘，顾名思义是以硬盘为存储介质的可移动存储设备，是计算机之间交换大容量数据的中间存储器。移动硬盘以高速、大容量、轻巧便捷及安全可靠等优点赢得广大用户的青睐。

　　目前，市面上移动硬盘的容量一般是 4.7GB～40GB，建议用户使用 20GB 以上的硬盘。移动硬盘通常有两种规格：2.5 英寸和 3.5 英寸，分别对应笔记本电脑和台式电脑的硬盘。2.5 英寸硬盘的体积和重量较小，更便于携带，但价格要比 3.5 英寸硬盘贵。一般推荐用户选择 2.5 英寸硬盘。

　　移动硬盘与电脑的连接：移动硬盘一般都采用 USB 接口，如图 13.25 所示，移动硬盘附带的数据线一端如图 13.26 所示，连接移动硬盘的 USB 接口，另一端连接电脑的 USB 接口。移动硬盘一般不需要安装驱动程序，正确连接后系统会自动识别。使用 Windows 98 的用户需在连接移动硬盘前先安装驱动程序。移动硬盘出厂前未对硬盘初始化，因此在使用前必须对其进行分区、格式化操作。

图 13.25　移动硬盘的 USB 接口　　　　　　图 13.26　数据线的 USB 接口

使用移动硬盘时需注意：

　　■　USB 转接线越短越好，除了原来配置的连接线外，不宜连接延长线。因连接线既是数据传输线，又是硬盘工作供电线，连线过长会导致电阻增大和数据干扰，使移动硬盘不能正常工作。

　　■　与电脑连接应选择机箱背后的 USB 接口（直接固定在主板上的接口），而不宜使用机箱前面的 USB 接口（他们是由主板经过一段引线连接到前面板上的）。

　　■　USB 接口虽然支持热插拔，但必须确保关闭了 USB 接口才能拔下 USB 数据线，并在重启电脑时确保移动硬盘没有连接在电脑上。

　　■　在使用移动硬盘过程中要轻拿轻放，避免其受到振动。

　　■　维修或清洁移动硬盘前必须先断开使用连接。

　　■　避免用未拧干的湿布擦拭移动硬盘。

13.5 使用刻录机刻录光盘

在当今网络时代，值得好好珍藏的影音、图片、文档等资源越来越多，因此刻录机应运而生。由于刻录机大多采用内置式 IDE 接口，因此以此为例讲解安装过程。

❶ 拔去机箱电源，打开机箱，选择一个空闲的五英寸插槽，卸下挡板。

❷ 将刻录机置于空闲的五英寸插槽位置。

❸ 将数据线与刻录机后部的接口相连，

并连接电源线。

❹ 把刻录机调至合适位置后，用螺丝拧紧，然后将数据线与主板 IDE 接口相连。

❺ 关闭机箱，重新启动计算机，系统就可自动检测到所连接刻录机的型号。

安装之前还必须对某些跳线进行设置，以保证刻录机被系统正确识别。

刻录机与电脑正确连接之后，就可以刻录光盘。用户需要准备一张空白盘和刻录软件 Nero。Nero 是一个由德国公司出品的光盘刻录程序，主流刻录机均附带有此软件。下面以大家应用最频繁的数据光盘为例来讲解刻录光盘的过程。

❶ 启动 Nero，进入 Nero 工作界面，如图 13.27 所示。选择【数据】▦菜单，单击 按钮，如图 13.28 所示。

❷ 放入空白光盘，刻录机会自动识别，如图 13.29 所示。单击【制作数据光盘】命令，出现如图 13.30 所示窗口。选择【数据光盘】后，将要备份的文件添加到刻录目标中，如图 13.31 所示。单击 添加(A)(E) 按钮，出现如图 13.32 所示窗口，选择要刻录的文件后，就可以准备刻录了，如图 13.33 所示。

图 13.27 Nero 工作界面

图 13.28 选择【制作数据光盘】按钮

图 13.29 【制作数据光盘】

图 13.30 创建【数据光盘】

图 13.31 选择"添加"按钮

图 13.32 添加刻录文件

图 13.33 给光盘起名

❸ 为刻录光盘起名，如"数据备份"。对【刻录后检查光盘数据】和【允许以后添加文件（多区段光盘）】复选项，按默认选择即可。单击 刻录(U) 按钮，出现如图 13.34 所示"开始刻录"窗口，刻录完毕之后会自动进入检查编辑过程，如图 13.35 所示，这个过程所需时间比较长。

图 13.34 开始刻录

图 13.35 检查编辑

❹ 刻录完毕后，把盘重新放入刻录机中，会弹出如图 13.36 所示窗口。"数据备份"光盘被成功识别，可以打开并查看文件。

图 13.36 刻好光盘后即可查看文件

13.6 安装和使用扫描仪

扫描仪是一种常见的输入设备，用于捕获影像（照片、文字、图形和插画等），将之转换为电脑可以识别、编辑、储存和输入的数字信号。随着扫描仪价格越来越低，它在办公及家庭中的使用也越来越多。

13.6.1 安装扫描仪

扫描仪的种类型号较多，不同的接口有不同的安装方法，在此以最常用的 USB 接口的扫描仪安装为例讲解。

首先进行物理连接，将扫描仪数据线一端连接到扫描仪的 USB 接口，如图 13.37 所示，另一端连接到计算机的 USB 接口，观察扫描仪背面板中的 CCD 元件是否被固定住，若是被固定，必须为其开锁。打开扫描仪和计算机上的电源开关，系统就能够自动识别到扫描仪。

随后系统将会弹出扫描仪安装向导界面，根据提示，将扫描仪随机配备的驱动程序安装光盘放入计算机光驱中，然后用手工定位的方法，将驱动光盘中的目标驱动文件选中，再按默认提示完成剩下的操作即可。安装完扫描仪后，用户利用其自带的扫描应用软件打开应用程序界面，选中目标，扫描仪进行文稿扫描。

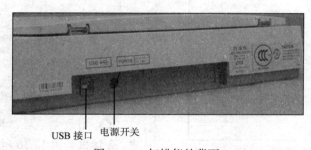

USB 接口　电源开关

图 13.37　扫描仪的背面

13.6.2 扫描图片

与电脑连接好之后，就可以扫描图片了。最佳的扫描时间是在扫描仪预热 20 分钟以后再开始扫描。很多扫描仪厂商都设计了一个锁定装置（机械装置或电子装置），专门用于锁定扫描仪的镜头组件，使用扫描仪时，用户必须先将锁定镜头组的锁打开。扫描图片的方法如下。

❶ 将图片正面朝下放在扫描仪玻璃板上，使一角靠近箭头。

❷ 双击【任务栏】中的 Uniscan e43 实用程序图标，打开 Uniscan e43 实用程序。

❸ 单击 Uniscan e43 实用程序上的【扫描】按钮，打开 TWAIN 界面。

❹ 在 TWAIN 界面中，对扫描仪设定和扫描设定进行调整。分辨率设定越大，扫描得到的图片越细致，同时其格式也越大。如扫描 5 寸的照片，并且将扫描仪分辨率设定为 100，然后单击【扫描】。

扫描完图片后，必须至少等待 10 秒钟，以便载入后处理应用程序。

这样，在扫描仪指定的文件夹里便会出现刚刚扫描图片的电子版了。

13.7　本 讲 小 结

本讲对日常办公设备一一作了介绍和讲解。通过本讲的学习，用户要掌握打印机、复印机、数码相机、U 盘、移动硬盘、刻录机以及扫描仪的基本使用方法，提高工作效率和质量。

13.8　思考与练习

1. 选择题

（1）下列常用的办公设备中，属于输出设备的是（　　）。

    A. 扫描仪　　　　B. 复印机　　　　C. 打印机　　　　D. 刻录机

（2）下列常用的办公设备中，属于输入设备的是（　　）。

    A. 复印机　　　　B. 数码相机　　　C. U 盘　　　　D. 刻录机

2. 填空题

（1）常见的打印机有针式打印机、（　　）和（　　）3 种。

（2）打印机除了硬件安装物理连接之外，还需要安装（　　）。

（3）U 盘和移动硬盘一般通过（　　）接口与电脑连接。

3. 判断题

（1）墨粉是有毒物质，建议不要用手接触它，更不能让墨粉进入眼或口中。（　　）

（2）移动硬盘的 USB 转接线越长，传输速度越快。（　　）

（3）相对激光打印机而言，喷墨打印机的速度快，噪音小，但成本较高。（　　）

（4）激光打印机的打印鼓是一个比较敏感的部件，更换时切忌在强光下进行。（　　）